基于机器学习方法的
地震液化风险分析研究与应用

胡记磊　唐小微　白旭　Nima Pirhadi　Ahmad Mahmood　著

中国水利水电出版社
www.waterpub.com.cn
·北京·

内 容 提 要

本书主要介绍多种监督机器学习方法在地震液化风险分析中的应用研究，包括：基于贝叶斯理论的自适应套索逻辑回归地震液化风险判别、基于响应面-神经网络的地震液化触发风险预测、基于神经网络的地震液化侧移灾害风险分析、基于随机森林的地震液化沉降灾害风险分析和基于贝叶斯网络的地下结构液化上浮灾害风险分析。

本书可作为从事岩土工程风险分析相关工作的科研技术人员的参考、学习用书。

图书在版编目（CIP）数据

基于机器学习方法的地震液化风险分析研究与应用 / 胡记磊等著. -- 北京 : 中国水利水电出版社, 2024.4
ISBN 978-7-5226-2320-7

Ⅰ. ①基… Ⅱ. ①胡… Ⅲ. ①机器学习－应用－地震液化－风险分析－研究 Ⅳ. ①TU435-39

中国国家版本馆CIP数据核字(2024)第087779号

书　名	**基于机器学习方法的地震液化风险分析研究与应用** JIYU JIQI XUEXI FANGFA DE DIZHEN YEHUA FENGXIAN FENXI YANJIU YU YINGYONG
作　者	胡记磊　唐小微　白　旭　Nima Pirhadi　Ahmad Mahmood　著
出版发行	中国水利水电出版社 （北京市海淀区玉渊潭南路1号D座　100038） 网址：www.waterpub.com.cn E-mail：sales@mwr.gov.cn 电话：（010）68545888（营销中心）
经　售	北京科水图书销售有限公司 电话：（010）68545874、63202643 全国各地新华书店和相关出版物销售网点
排　版	中国水利水电出版社微机排版中心
印　刷	清淞永业（天津）印刷有限公司
规　格	184mm×260mm　16开本　8印张　195千字
版　次	2024年4月第1版　2024年4月第1次印刷
定　价	**60.00**元

前 言

地震液化风险分析是自然灾害风险分析与控制的重要研究方向之一。目前，随着机器学习算法的快速发展，诸多监督学习方法，如逻辑回归、神经网络、决策树、随机森林、支持向量机、贝叶斯等，已成功应用于地震液化的触发预测和灾害评估中。这些机器学习方法的应用有利于加深对地震液化发生和致灾风险的认识。但由于这些监督学习方法都有各自的优缺点，在应用于地震液化风险分析时，需要根据具体研究对象进行选择。因此，本书基于多种常见的监督学习方法，如贝叶斯逻辑回归方法、神经网络方法、随机森林方法和贝叶斯网络方法，针对地震液化的分类问题和回归问题，分别构建了地震液化判别模型、沉降和侧移风险评估模型，并对比了不同机器学习模型的性能优劣，可为地震液化风险研究提供方法选择依据。希望本书的研究工作能给从事地震灾害风险分析研究的科研人员带来一些启发和帮助。

本书共7章。第1章介绍了地震液化影响因素筛选、地震液化风险判别、地震液化侧移和沉降预测、地震液化诱发地下结构上浮预测的研究现状；第2章介绍了基于贝叶斯理论的自适应套索逻辑回归地震液化风险判别研究，讨论了参数不确定性对模型性能的影响；第3章介绍了基于响应面-神经网络的地震液化触发风险预测研究，讨论了液化触发影响因素的敏感性；第4章介绍了基于神经网络的地震液化侧移灾害风险分析研究，与现有评估模型进行了对比分析，并采用模特卡洛模拟法分析了影响因素的敏感性；第5章介绍了基于随机森林算法的地震液化沉降灾害风险分析研究，对比了多种随机森林方法的优劣，并对液化沉降的影响因素进行了敏感性分析；第6章介绍了基于贝叶斯网络的地下结构液化上浮灾害风险分析研究，分析了各因素对地下结构液化上浮的影响规律，也对模型中输入因素做了敏感性分析；第7章总结了以上研究工作，分析了不同机器学习方法在地震液化风险研究中的优劣，并对今后的研究工作做了展望。

本书的研究工作及出版得到了国家重点研发计划课题2021YFB2600703的支持。本书第1章和第2章由三峡大学胡记磊博士撰写；第3章和第4章由西南石油大学 Nima Pirhadi 博士和三峡大学胡记磊博士共同撰写；第5章由巴基斯坦白沙瓦工程与技术大学 Ahmad Mahmood 博士和沈阳工业大学白旭博士共同撰写；第 6 章由沈阳工业大学白旭博士和三峡大学胡记磊博士共同撰写；第 7 章由大连理工大学唐小微教授撰写。全书由胡记磊和唐小微教授统稿。感谢研究生王璟、熊彬、胥智臻、王珞俨对本书部分章节内容的文字校订和翻译整理，也感谢本书所引用资料和文献的作者提供相关数据支持。

由于作者水平所限，对地震液化风险问题的认识还不够全面，书中难免会存在一些不足之处，恳请同行专家和读者批评指正。

胡记磊

2023 年 6 月于三峡大学土木与建筑学院

目　录

第1章

绪　　论

1.1　研究背景和意义

地震液化，是指饱和砂土或粉土在地震作用下，超静孔隙水压力不断积累，而有效应力降低，导致土体抗剪强度部分或完全丧失，使得土体由固态变为黏滞流态，从而部分或完全地丧失原有承载能力[1]。除了从应力角度定义地震液化，Casagrande[2] 从液化引起的应变状态出发，提出了“流动结构”与“稳态强度”的概念。该理论认为地震液化研究的核心在于评估和预防砂土液化造成的流动变形破坏，而“初始液化”应力状态并不是液化流动破坏的必要条件。此外，汪闻韶[3] 还基于液化宏观现象提出了三种典型的液化机理解释，包括由渗流力引起的砂沸现象、土体单向剪缩引起的无限流动大变形的流滑现象和土体在循环剪应力作用下间歇性液化并发生有限流动变形的循环活动性现象。

历史地震液化灾害案例表明，饱和砂土、黏粒含量较低的饱和轻亚黏土、级配不良的饱和砾石土等在特定条件下都有可能发生液化，造成强度的大幅度骤然丧失，对工程实践危害极大。由地震液化引起的宏观现象主要有地表喷砂冒水并伴有地裂缝、地面沉陷与侧移、边坡流滑、建筑倾覆、地下管线断裂与地下结构上浮破坏等，如图 1.1 所示。

地震液化引起的宏观震害对生命财产安全具有重大威胁。1964 年日本新潟地震引发了大规模的土体液化，使得大量现代化基础设施遭到破坏，引发了工程界对地震液化问题的广泛重视[4]。同年的美国阿拉斯加地震，以及之后的 1976 年我国唐山地震、1995 年日本阪神地震、1999 年我国台湾集集地震、1999 年土耳其科贾埃利地震、2008 年我国汶川地震、2011 年新西兰基督城地震和 2011 年日本“3·11”大地震，都有大规模的液化灾害发生[5]，造成了严重的生命和财产损失。特别是 2018 年发生在印度尼西亚的苏拉威西岛地震，引发了大规模的土体液化，超 1000 栋房屋被埋，2000 多人因此遇难，更有 1000 多人失踪[6]，并且使得部分房屋、道路的侧移量高达 350m，如图 1.2 所示。因此，地震液化风险分析研究正得到越来越多的重视和关注。

随着信息技术和概率统计理论的发展，将机器学习方法应用到地震液化灾害评估中成为了研究热点。机器学习方法是指计算机算法能够像人一样，从外部提供的数据中找到信息，并学习、产生一些规律，对未来的事件进行预测。监督学习是机器学习中的常用方法，它从标记的训练数据中生成预测模型。监督机器学习方法生成的预测模型根据目标任务不同，可以分为回归模型和分类模型。地震液化风险分析问题恰好包括了液化判别二分

（a）美国阿拉斯加地震中地表裂缝

（b）印度尼西亚苏拉威西岛地震中地表液化流滑

（c）日本新潟地震中液化诱发建筑倾覆

（d）日本阪神地震中地下结构液化上浮

图 1.1 地震液化宏观现象案例[5]

（a）新西兰基督城地震中建筑不均匀沉降

（b）日本东北地区太平洋近海岸地震中民房倾斜沉降

（c）我国汶川地震中板桥镇河堤液化侧移破坏

（d）我国汶川地震中岷江河漫滩液化侧移灾害

图 1.2 地震液化沉降及侧移灾害实例[6-8]

类问题和沉降及侧移回归问题两大类。因此，监督机器学习方法为地震液化风险概率分析提供了新的研究途径。

1.2 地震液化风险分析的研究现状

1.2.1 地震液化影响因素筛选研究

基于对砂土液化机理的认识，研究人员开始探索砂土地震液化发生的条件，分析地震液化的影响因素。1966 年，Seed 等[9] 在提出“初始液化”的概念时，根据动三轴试验的经验指出，砂土液化势取决于相对密实度、初始有效固结应力、循环应力峰值、循环应力次数和超固结比这 5 个因素。此后，随着砂土液化的动三轴、动单剪和振动台试验经验的不断积累，砂土抗液化强度的主要因素被归纳为 3 类，包括土体性质（密实度、粒度特性和土体结构性等）、初始应力条件（初始有效应力和固结度等）和动应力条件（应力幅值和振动次数、频率等）[10]。

室内试验确定的液化影响因素大多较难在场地勘察中获取，不适用于液化场地判别，因此基于历史震害调查的地震液化影响因素被广泛提出。1980 年，朱淑莲[11] 利用回归分析对唐山地震中影响砂土液化的 15 个因素进行了重要性排序，包括震中距、液化层颗粒粒径、上覆黏土层液性指数（影响振动孔压的聚集和消散）等。此后朱淑莲[12] 利用基于贝叶斯准则的数理统计方法，从上述 15 因素中选择不同数量的因素构建相应液化判别模型，并以唐山地震液化样本作为模型训练和验证数据。结果表明若只考虑 3～4 个因素可能导致判准率不足，而变量过多又会导致数据获取难度加大，且不能明显提高准确率，因此作者认为应从多因素中选取重要影响因素进行液化判别。盛俭等[13] 基于层次分析法和粗糙集理论计算了地震作用、土体埋藏环境、土体性质 3 方面共 10 个影响因子的液化权重值，认为地震作用对液化的影响总体大于土体性质和埋藏环境的影响。为构建新型多指标液化判别方法，Tang 等[14] 利用文献计量法筛选出了 22 个自由场地地震液化影响因素，分属于地震信息、土体参数和场地条件 3 类，并将权重值高于平均权重的 12 个参数列为地震液化重要影响因素。

1.2.2 地震液化风险判别研究

地震液化判别最早使用临界孔隙比法，用土体的剪胀剪缩特性评价砂土液化势。随后 Seed 等[15] 根据新潟地震和阿拉斯加地震中的液化灾害调查，首次提出了一种可实际应用于工程的土体液化势简化估计方法。经过后续 50 多年的研究，基于标贯试验、静力触探、剪切波速、能量原理、数理统计和机器学习等方法的液化判别模型被陆续提出。通过对液化判别研究进展的总结，将现有的液化判别方法分为两类，分别是由土体量化指标构建起来的确定性经验判别法和基于数理统计和机器学习方法的新型多因素非确定性判别法。

1.2.2.1 确定性经验判别法

所有地震液化判别方法，本质上都是比较动力作用与土体极限抗液化能力的大小。而利用现场或室内试验量化指标来评估土体抗液化强度的试验分析判别法，正是液化判别本质的直接体现，代表性方法主要有 Seed 简化方法、静力触探方法、剪切波速法等。

1. Seed 简化估计法及其相关改进

1971 年 Seed 等[15] 提出了一种砂土液化势的简化估计法，在全球范围内应用广泛，并被美、日等多个国家作为其国内规范法的基础。该简化方法使用等效循环应力比 CSR 对特定土层内的地震剪应力进行量化，用等效循环阻尼比 CRR 表征土体的抗液化能力，通过比较 CSR 和 CRR 的大小判断砂土是否液化。基于室内循环三轴试验结果推导的 CSR 计算式如下：

$$CSR=\frac{\tau_{av}}{\sigma_v'}=0.65\frac{a_{max}}{g}\frac{\sigma_v}{\sigma_v'}r_d \tag{1.1}$$

式中 τ_{av}——地震剪应力，kPa；

σ_v'——竖向有效应力，kPa；

σ_v——总应力，kPa；

a_{max}——地震引起的地表峰值加速度，m/s^2；

g——重力加速度，m/s^2；

r_d——应力折减系数，反映了土层分布对地震响应的影响，其值随深度变化，可由对应的曲线图或经验公式得到。

而土体的循环阻尼比 CRR 则需要通过室内或现场试验进行估计。

1982 年 Seed 等[16] 利用标准贯入试验（standard penetration test，SPT）估计土体的循环阻尼比 CRR，并基于其汇编的地震液化历史记录，建立了适用于 7.5 级地震的 $CRR-N$ 相关曲线。2001 年 Youd 等[17] 再次对 Seed 简化估计法及其修订内容进行了详细阐述。近年来该方法的思想仍被广泛使用，其他相关研究也仍在不断进行。

Seed 简化估计法及其相关改进，基于室内及现场试验构建了相关量化指标的计算公式，形成了一种考虑地震信息和土体特性等液化影响因素的简便高效的液化判别方法，对砂土液化判别的发展产生了深远影响。但该方法中等效循环应力比 CSR 的计算式是由重塑砂土试样的循环三轴试验推得的，与现场原位土体存在差别，且等效循环阻尼比 CRR 与修正的标贯锤击数 $(N_1)_{60}$ 之间的相关关系仅建立在有限的历史液化数据上，因此该方法的准确性和适用性还有待进一步研究改进。

2. 静力触探方法

圆锥静力触探试验（cone penetration test，CPT）相比于 SPT，由于不需要钻孔，且不同仪器设备之间的差异较小，因此具有简便高效、一致性和可重复性的优势。特别是 CPT 能够获取贯入土层的连续信息，不会忽略较薄的可液化土层。

因此，在 Seed 简化方法的基本框架下，Olsen[18] 于 1997 年提出用 CPT 试验估计土体循环阻尼比 CRR，介绍了锥端阻力 q_c 的修正公式，并基于修正锥端阻力 q_{c1} 建立了纯砂等不同类别土体的抗液化能力评估曲线。同年，在 NCEER 的报告[19] 中也推荐了一种基于 CPT 数据估计循环阻尼比 CRR 的方法，并由 Robertson 等[20] 于 1998 年补充后发表，该方法将锥端阻力修正为 100kPa 上覆有效应力的无量纲参数 q_{c1N}，并基于历史液化测点数据得到了适用于 7.5 级地震的 $CRR-q_{c1N}$ 砂土液化判别曲线及其近似计算公式。与 Olsen 的方法相比，Robertson 等的方法更加简单易用，而且其中的量化关系更容易借

助计算机进行处理，因此受到了 Youd 等[17] 以及 Seed 等[21] 的推荐。

自以上方法提出之后，静力触探技术发展迅速，目前还有孔压静力触探（piezocone penetration test，CPTU）、电阻率孔压静力触探（resistivity piozocone penetration test，RCPTU)[22] 等相继应用于砂土液化判别，并在多个地震液化灾害调查中积累了相关数据[23]，具有很好的应用前景。

3. 剪切波速方法

剪切波速 V_s 与土体的剪切模量直接相关，可以反映循环荷载下土体的变形特征。因此，Stokoe 等[24] 早在 1988 年就探究了剪切波速与土体液化势的关系，认为在给定的地震峰值加速度条件下，剪切波速高的土体相对不容易液化，并且给出了基于剪切波速 V_s 和地表峰值加速度 a_{max} 的液化判别曲线图。曹振中等[25] 基于汶川地震砂砾土液化点的剪切波速数据，建立了适用于砂砾土的剪切波速液化判别公式，并得到了较高的判别成功率。孙锐等[26] 针对现有剪切波速判别方法的不足，提出了一种同时适用于浅层土和深层土的基于剪切波速的液化判别双曲线模型。除了直接利用剪切波速 V_s 估计土体液化势的研究成果，将 V_s 应用到 Seed 简化法的思路也得到了较多的认可。考虑到剪切波速 V_s 和循环阻尼比 *CRR* 均会受到土体孔隙比、有效应力、应力历史等因素的影响，Andrus 等[27-28] 基于历史液化测点的 V_s 数据建立了循环阻尼比 *CRR* 与经过上覆应力修正后的剪切波速 V_{s1} 之间的关系，并给出了适用于 7.5 级地震条件下无黏性土体的 $CRR-V_{s1}$ 液化判别临界曲线及其表达式。

相比于其他现场试验方法，剪切波速 V_s 可以通过多种现场试验精确测得，适用场地广泛，特别是对于难以进行贯入试验的砾石土等场地。随着剪切波速数据的不断积累，其在液化判别方面的应用会更加广泛。

4. 我国规范方法

我国规范对液化场地判别做出了相关规定，其判别方法主要由境内的历史地震液化数据统计分析得到。随着历史液化数据的不断积累和对液化认识的不断深入，规范法中的液化判别也在不断修订。以目前最常用的《建筑抗震设计规范》(GB 50011—2010)[29] 为例，主要分为基于土体和场地参数的初判和基于 SPT 的复判，具体内容见表 1.1。

表 1.1 《建筑抗震设计规范》(GB 50011—2010) 液化判别方法[29]

无须判别的情况		(1) 地面以下不存在饱和砂土和饱和粉土时； (2) 设防烈度为 6 度时
需要判别的情况	初判	(1) 第四纪晚更新世（Q3）及更早地质年代场地，且设防烈度为 7 度、8 度时； (2) 设防烈度 7 度、8 度、9 度的场地，粉土的黏粒含量分别大于等于 10%、13%、16%时； (3) 第四纪晚更新世对浅埋地基建筑，当地下水埋深 d_w 或上覆非液化土厚度 d_u 大于基础和场地对应的某一计算值时，具体公式详见规范
	复判	(1) 当未满足前述条件时，需要基于 SPT 对地面以下 20m 范围（部分建筑按规定只需要验算 15m 范围）进行复判。当未经杆长修正的标贯锤击数 N 小于等于某一标贯数临界值 N_{cr} 时，则复判为液化土，需要评估液化等级并采取措施； (2) 其中液化判别标贯数临界值 N_{cr} 与不同设计加速度下的液化判别标贯数基准值 N_0、设计地震分组调整系数 β、饱和土标贯深度 d_s、地下水埋深 d_w 和黏粒含量 ρ_c 相关，计算式如下： $N_{cr}=N_0\beta[\ln(0.6d_s+1.5)-0.1d_w]\sqrt{3/\rho_c}$ 相关参数按类别取值，具体数值及取值表详见规范

国内其他规范中的液化判别方法也基本类似，采用初判和复判两个步骤，只是采用了不同的表述。综合来说，规范法较为全面地考虑了场地条件、土体参数和动荷载参数的影响，而且简单有效。但是规范法的适用范围较小，经验性过强，且对埋深大于 20m 的液化土层进行判别时不够准确。

5. 能量判别方法

Nemat-Nasser 等[30] 于 1979 年发现地震中土体孔隙水压力的增长与地震波能量的耗散直接相关，并基于室内试验结果给出了能量耗散与孔隙比变化之间的定量关系。基于此，1982 年 Davis 等[31] 假定孔压增量 Δu 正比于能量耗散密度 ΔE，并且考虑了土体标贯锤击数和初始上覆有效应力对地震波能量耗散的影响，在对 57 组历史地震数据进行分析后，得到了孔压增量 Δu 与震级 M_w、震中距 R、修正的标贯锤击数 $\overline{N}$ 和初始上覆有效应力 σ'_{v0} 的计算公式如下：

$$\Delta u=\frac{450}{R^2\overline{N}^2\sqrt{\sigma'_{v0}}}10^{1.5M_w} \tag{1.2}$$

1990 年 Law 等[32] 通过循环三轴和循环单剪试验以及历史地震液化数据，基于能量原理建立了与震级、震中距、相对密实度、固结度等因素相关的液化判别模型。2005 年 Chen 等[33] 以集集地震的加速度时程和 82 组历史液化数据作为样本，分别采用经验公式和神经网络反演计算的方法，提出了两种基于不同地震能量计算方法的液化判别曲线图。近年来，能量方法仍旧在不断发展，Zhang 等[34] 基于 302 组室内试验数据，利用多元自适应回归样条方法（multivariate adaptive regression splines，MARS）建立了液化过程中地震能量耗散与土体初始参数之间的回归模型。

能量法相较于其他方法，所需的输入参数较少且易于获得，而且能够解释液化过程中复杂的应力应变历史对孔压积累的影响。随着新的数理统计方法的加入，基于能量原理的液化判别方法将有更多的应用前景。

1.2.2.2 监督机器学习分类方法

传统的试验和经验判别方法均为确定性方法，只能预测液化与否，并且无法合理考虑定性变量。随着信息技术和智能时代的到来，概率性思维愈发重要，监督机器学习概率方法也应运而生。借助数理统计和机器学习算法，监督机器学习方法可以综合考虑多种定性和定量参数，从而给出液化发生的概率值大小，更加符合“地震液化是否发生”这一高度不确定性事件。目前监督机器学习方法主要有逻辑回归、支持向量机、人工神经网络、贝叶斯判别、贝叶斯网络等方法。

1. 逻辑回归方法

逻辑回归（logistic regression，LR）是一种经典的分类学习算法，常用于二分类问题，与液化判别问题不谋而合。1988 年 Liao 等[35] 基于液化历史调查 SPT 数据，在考虑黏粒含量的影响以及分别使用循环应力比 CSR 和地震荷载参数 Λ 表征地震剪应力作用的情况下，建立了 4 个逻辑回归液化判别模型，通过比较修正似然比指标，认为基于 CSR 建立的模型优于用地震荷载参数建立的模型。1999 年 Toprak 等[36] 通过对 Loma Pretia（洛马普雷塔）地震后场地的现场勘测，分别提出了基于 SPT 和 CPT 数据的液化判别模型，模型参数主要包括循环应力比的对数函数 $\ln(CSR)$ 和修正的土体参数$(N_1)_{60cs}$/

$(q_{c1N})_{cs}$。2002 年 Juang 等[37] 基于 SPT 和 CPT 数据建立的逻辑回归判别模型达到了较好的判别率，在此基础上还建立了基于剪切波速 V_s 数据的逻辑回归液化判别模型，并且通过加入参数 $\ln(CSR_{7.5})$ 的平方项，对比发现模型的参数形式对结果有较大的影响。此后，Lai 等[38] 对 399 组历史液化调查 CPT 数据进行了清洗，然后建立了包含 $\sqrt{q_{c1N}}$ 和 $\ln(CSR_{7.5})$ 的逻辑回归模型，认为这两个参数能够更好地符合逻辑回归模型参数的选择标准。

上述模型均只包括两个参数，分别是评估土体抗液化能力的现场试验参数和表征地震作用大小的参数，基本沿循了 Seed 简化方法的思想。此后，Jafarian 等[39] 提出用地表峰值速度 PGV、土体相对密实度 D_r 和土体比重 G_s 计算土体的动能峰值密度 KED_{max}，并将其与上覆有效应力 σ_v'、修正标贯锤击数 $(N_1)_{60}$ 和黏粒含量 FC 作为参数，建立了逻辑回归液化判别模型。袁晓铭等[40] 基于国内的 SPT 实测数据，建立了包含标贯击数 N 和循环应力比 CSR 的逻辑回归模型，然后将 CSR 用规范法中的常规土层参数表示，从而得到由标贯击数 N、地表峰值加速度 a_{max}、地下水埋深 d_w 和液化土层埋深 d_s 表示的液化可能性计算公式。该方法基于常规土层参数，继承了规范法的易用性，而且在深层土的液化判别中具有明显优势。由于影响液化势的常规土层参数之间可能高度相关，将其直接用于逻辑回归模型可能导致模型的稳定性和可解释性变差。因此，王军龙[41] 基于能够对数据进行降维处理的主成分分析法，将多个液化影响因素组合为对应的主成分值，从而建立了基于主成分值的逻辑回归液化判别模型。Zhang 等[42] 利用多元自适应回归方法(MARS)，通过对数据学习得到不同液化影响因素组成的基函数，并将这些基函数作为逻辑回归的模型参数。结果表明该方法的准确率与神经网络方法相近，而且在可解释性和计算效率上占有优势。Chung 等[43] 基于逻辑回归方法建立了基于液化潜能指数 LPI 和液化折减数 R_L 的液化判别不确定性方法，研究认为液化潜能指数 LPI 不是土体液化评价的唯一参数，加入液化折减数 R_L 会使评价结果更加有效。

逻辑回归方法的原理清晰，在各个学科领域的应用广泛。而且通过逻辑回归模型得到的液化可能性公式非常直观，具有极强的可解释性和易用性。但正如 Juang 等[37] 研究发现，不同形式的逻辑回归假设函数，将会对结果有较大影响。前述的研究主要对逻辑回归假设函数及其参数进行了改进，使得模型的性能有了较大的提升，因此这方面还需要更多的研究和尝试。

2. *人工神经网络方法*

人工神经网络（artificial neural network，ANN）是对生物神经系统仿生得到的一种信息处理工具，也是当前应用最广的“深度学习”技术所依赖的基本原理。1993 年蔡煜东等[44] 率先将 BP 神经网络应用于地震液化判别，虽然仅 35 个液化训练样本不足以验证模型的可靠性，但仍旧引起了液化判别领域对新型人工智能方法的重视。1994 年，Goh[45] 基于 85 组液化调查历史数据建立了多个 BP 神经网络液化判别模型，并且认为输入参数越多的模型性能越好。但随后 Goh[46] 基于 109 组历史液化 CPT 数据建立的 4 个神经网络液化判别模型中，4 因素和 6 因素模型性能却优于另外的 5 因素和 7 因素模型，这表明模型的性能表现与所选因素的类型以及训练数据质量综合相关，而不能根据输入因素的个数评价。此后，Juang 等[47] 进一步发展和验证了人工神经网络方法在地震液化判别方面的应用价值，包括利用神经网络拟合已有的基于 CPT 的试验判别法，以及利用神经网络模型寻找并建立简单易用的液化临界状态方程[48-49]，均取得了较好的性能表现。在传统的神经网络液化判别模型以外，一些新的相关研究也在不断提出，林志红等[50] 引入贝叶斯正则化算法防止神经网络模型的过拟合，并在工程实例中验证了模型泛化能力的提升。康飞等[51] 利用汶川地震液化点的剪切波速数据建立了适用于砾石土的液化判别神经网络模型。Njock 等[52] 采用一种随机优化方法对神经网络的计算效率和学习过程进行了优化，并引入非线性降维技术 t-SNE，使得液化样本及其预测结果能够更加直观的可视化。

目前，基于人工神经网络的液化判别方法已经较为成熟，一些新的液化判别方法也都选择与 Juang 等[49] 提出的神经网络液化判别模型进行对比，以验证新方法的创新性和可靠性。虽然人工神经网络对高度非线性数据的分析处理能力已经得到了大量的验证，但是其所需的数据样本较大，模型的最优隐含层层数和激活函数的选择较繁琐，而且神经网络的数学原理不够清晰，无法解释所得模型的数学意义，因此也需要改进或提出更优的方法。

3. 支持向量机方法

Cortes 等[53] 于 1995 年提出了一种适用于有限样本数据的二分类模型——支持向量机（support vector machine，SVM）。该方法借助核函数将不可分的非线性数据样本映射到一个高维特征空间，使得样本可分，并根据高维空间中的最优分类超平面构建样本分类器。核函数通常可以选择线性核、多项式核、高斯核、径向基核、Sigmoid 核以及它们的组合等，核函数的选择往往决定着对应支持向量机模型的分类性能[54]。

2004 年，师旭超等[55] 较早地将支持向量机方法引入到地震液化判别领域，并且基于 20 个历史液化数据样本，建立了 7 因素的径向基核 SVM 液化判别模型，测试结果表明用支持向量机方法进行液化判别是可行的，但是样本数据偏少。此后，夏建中等[56] 通过 46 组历史液化样本建立了 SVM 液化判别分类器，结果表明基于线性核的分类器性能较差，而多项式核和径向基核的分类器能够较好地符合实际结果。Pal[57] 分别基于 85 组历史液化 SPT 数据和 109 组 CPT 数据，建立了多个不同影响因素组合的径向基核 SVM 模型和多项式核 SVM 模型。Goh 等[58] 则用多达 226 组的 CPT 数据，使得建立的 6 因素 SVM 液化判别模型对整体液化数据的分类成功率达到了 98%。近年来，一些改进和优化的 SVM 方法也被逐渐应用于地震液化判别。Xue 等[59] 借助粒子群优化算法（PSO）寻找径向基核 SVM 的最优惩罚参数 C 和核函数参数 γ，使得提出的 PSO-SVM 液化判别模型实现了更好的预测性能。Hoang 等[60] 将核 fisher 判别分析方法（KFDA）和最小二乘支持向量机（LSSVM）结合，提出了 KFDA-LSSVM 地震液化判别方法，Rahbarzare 等[61] 则将粒子群优化方法（PSO）、遗传算法（GA）和模糊支持向量机（FSVM）联合应用到基于历史数据的地震液化判别中，这些方法均取得了较大的进步。

支持向量机与神经网络等其他方法相比，计算成本更低，预测性能和泛化能力相对更强，所需样本量也更少。随着支持向量机方法的不断改进与结合，其在液化判别应用中将会获得更高的性能。但是支持向量机和神经网络方法都缺少对最终模型的解释，无法获知各影响因素之间的相互关系，还有待研究改进。

4. 贝叶斯网络方法

贝叶斯网络（Bayesian network，BN）是一种基于因果推理的有向无环概率图模型。2006 年 Bayraktarli[62] 将土层参数设置为服从正态分布的随机变量，利用修正 Seed 简化法和蒙特卡罗法获得液化模拟数据，然后基于模拟数据建立了首个贝叶斯网络液化判别模型。随后，Huang 等[63] 利用 BN 方法描述已有的确定性液化评估模型输入参数的不确定性，改善了模型的性能。近年来，Hu 等[64] 基于 SPT 液化历史数据，使用解释结构模型和 K2 算法构建了 5 因素地震液化判别贝叶斯网络模型，并将其与其他方法进行了对比，结果表明在多项性能指标中 BN 模型具有显著优势。2016 年 Hu 等[65] 采用两种不同的网络结构学习方法，分别建立了考虑 12 个液化影响因素的 BN 液化判别模型，并将其与 ANN 模型和 SVM 模型对比了相关性能指标，结果表明 BN 模型的性能优于 ANN 和 SVM 模型。此后，Hu 等[66] 综合评估了地震强度指标与液化触发的相关性、液化敏感性、数据完备性等参数特性，认为均方根加速度 a_{rms} 是最优的液化影响因素，峰值加速度 PGA 其次，因此分别基于 a_{rms} 和 PGA 建立了 2 个 10 因素的液化判别模型。结果显示新建的 2 个模型在数学和物理上具有更优的解释性，而且预测性能表现优于 Hu 等[65] 在 2016 年提出的 12 因素 BN 液化判别模型。2019 年，Hu 等[67] 首次将 CPT 和 V_{s} 历史液化数据应用于 BN 液化判别模型，分别建立了 2 个基于 CPT 和 V_{s} 的 BN 模型，结果表明 2 个模型均有较好的性能表现，优于贝叶斯分类法和传统的确定性方法。

贝叶斯网络的数学原理清晰，其因果推理网络结构可以表示各个影响因素的数学物理关联，便于将专业知识或先验条件与历史数据综合考虑。此外，处理缺值数据和带噪音数据以及双向推理和敏感性分析等，都是 BN 的独特优势。前述关于 BN 液化判别模型的研究，针对液化影响因素、训练样本数据、网络结构学习等进行了多方面的改进和完善，在与传统确定性方法、ANN 模型、SVM 模型等比较时，充分验证了 BN 液化判别模型的可靠性和优越性。但是这些 BN 模型的节点均只能是离散变量，而液化影响因素大多是连续变量，在将连续变量离散化的过程中，不仅会丢失大量的信息，还可能导致假依赖现象和预测分类错误[68]。因此研究和探索连续贝叶斯网络模型在液化判别方面的应用，具有重要意义。

5. 随机森林方法

随机森林（random forest，RF）方法是基于大量决策树的组合而开发的集成学习算法，由 Breiman[69] 首次提出。该方法可处理大量的输入特征，具有很好的鲁棒性，并且不易过拟合。随机森林方法在 2015 年首次被用于地震液化预测[70]。该研究将随机森林模型与 ANN 和 SVM 模型进行了比较，发现随机森林模型的预测正确率更高。

随后，Nejad 等[71] 在 2018 年首次利用剪切波速实验结果，研究随机森林方法预测土壤液化。Demir 等[72] 在 2022 年对三种基于树的机器学习算法在地震液化预测方面的性能进行了比较。Zhou 等[73] 在 2022 年提出以灰狼优化算法和遗传算法进行参数优化的随机森林模型。在该文中，采用了三种原位数据库（CPT、SPT 和 V_{s}），对两种算法优化的模型适用性进行了研究，不采用简单随机抽样而采用分层抽样，通过灰狼优化算法和遗传算法优化了 RF 模型的超参数。Demir 等[74] 在 2022 年提出基于遗传算法进行特征选择和参数优化的随机森林地震液化预测模型，并用简单随机抽样、分层抽样和 SMOTE（Synthetic Minority Oversampling Technique，合成少数类过采样）方法进行了抽样对比研究。Ozsagir 等[75] 在 2022 年对 7 种机器学习方法在细粒土液化预测上的适用性进行了研究，这是首次运用随机森林模型进行细粒土液化预测。Kumar 等[76] 在 2022 年采用 5 种机器学习模型（极端梯度增强、随机森林、梯度增强机、支持向量回归和数据处理分组方法），基于 SPT 数据库对液化预测进行了评估。Kurnaz 等[77] 在 2023 年比较了人工神经网络、决策树、随机森林和支持向量机等机器学习算法在土壤液化预测中的性能。

在地震液化预测研究领域，随机森林方法应用较多，通过阅读国内外学者相关文献发现，在这些研究中，数据库主要是基于 CPT、SPT 和 V_s 的原位试验数据，对地震数据的抽样方法主要有简单随机抽样、分层抽样以及 SMOTE 方法，对于模型的参数优化方法则有遗传算法、灰狼优化算法、K 折交叉验证法等。虽然随机森林模型在各研究中都有很好的性能，但都存在一定的局限性，影响液化的因素很多，这些研究中考虑的影响因素都只是一部分的，因此构建的模型并不能都适用，往往会受到地域的限制。

1.2.3 地震液化侧移预测研究

自从 1964 年日本新潟县 7.5 级地震和同年美国阿拉斯加州 8.5 级地震中都出现了大规模的砂土液化导致灾害问题以来，关于地震液化的灾害评估的研究已经涌现了大量的研究成果。学者们通过室内模型试验、大型数值模拟和简化计算或机器学习方法等，试图揭示砂土液化侧移的机理，找出一种有效的、普适性的地震液化侧移评估方法。

1.2.3.1 试验研究

Yasuda 等[78] 利用振动台模型试验研究了液化引起地表永久位移的机理以及其影响因素，并提出了一个简化估算水平侧移方法，试验结果表明：水平位移沿液化层竖直方向呈线性增加，液化层顶部最大、底部最小，侧移贯穿整个液化土层；倾斜的上覆土层要比水平的上覆土层在发生液化后的侧移要小；液化土层中含黏粒的土层要比纯净砂土层发生的位移小。Towhata 等[79] 基于振动台模型试验对下卧可液化土层进行模拟提出了预测液化层在任意变形状态下侧向流动的解析表达式，并假设：上覆非饱和土层为弹性体且不液化；下卧可液化土层在液化后的变形中不发生体变，水平位移沿深度服从正弦规律分布，液化层的顶部最大、底部最小；可液化土层为线弹性-完全塑性体。该模型未考虑场地的复杂性、液化变形的敏感性、短时弱振动情况的影响，因此，该模型的适用性和准确性有待进一步完善。Taboada 等[80] 采用离心机柔性模型试验研究了砂土液化后的侧移变形问题，结果发现液化土层的侧移变形只与液化土的厚度和坡脚有关，与荷载幅值和频率无关。Dobry 等[81] 采用 $50g$ 的离心机试验对饱和砂土缓坡模型模拟地震作用下液化的发生及液化后的大变形问题，结果发现每当荷载循环一次，都会导致位移向顺坡方向逐渐累积，振动结束后累积应变达 14%。周云东等[82] 介绍了液化后大变形室内试验研究的现状，并对试验技术和结果进行了探讨，并建议采用电子显微镜对液化大位移后的微观结构进行研究，有助于对液化后大变形机理的理解。刘汉龙等[83] 利用全自动多功能三轴仪器进行了饱和砂土液化后的大变形试验研究，并基于试验结果提出了一个描述砂土液化后的应力应变双曲线模型。

1.2.3.2 数值模拟方法

除了上述试验研究外，对于数值模拟预测液化后变形的研究主要是针对砂土的动本构模型开发，目前已取得了丰硕的成果，大致可以分为两类——等效线性分析法和非线性分析法，非线性分析方法又可以分为直接非线性分析法和弹塑性分析法。数值模拟方法不仅适用于自由场地的地震液化灾害评估，也适用于重要建筑物及土工结构的地基液化灾害评估。该方法相比室内试验方法而言要方便、成本低，但由于该方法计算所需土体参数需要由室内试验获得，而且对于大型实际工程项目而言其计算分析过程复杂且耗时长，计算结果的准确性对土的动本构模型的依赖很大，而土的本构关系极其复杂，它在不同的动荷载特性、场地条件和土体性质下会表现出极不相同的动本构特性，不可能建立一个能够适用于各种不同条件下的动本构模型的普遍形式，目前存在的绝大多数动模型都是根据具体的条件和要求进行简化，难以准确地反映实际情况，更关键的是无法正确地再现复杂循环荷载过程中砂土反复出现的剪胀现象以及不能正确地评价液化后引起的大变形和流滑破坏。因此，数值模拟方法在工程实际中未被广泛应用，这也是工程界难以接受数值模拟分析的一个重要原因之一。但数值模拟的精度要优于各种规范法和简化法，所以在一些重大工程的地震抗液化分析中常常采用数值模拟法。

1.2.3.3 监督机器学习方法

在简化计算方法方面，Hamada 等[84] 在 1986 年根据 1964 年日本新潟地震和 1983 年日本海中部地震引起的液化灾害调查研究，通过对比震前和震后的航空照片，首次发现了液化引起大范围地表永久变形的灾害实例，并总结出一个估算地震液化引起的水平位移经验计算公式，引起了工程界的广泛重视。Youd 等[85] 在 1987 年基于美国西部地区和阿拉斯加地区的地震液化数据采用液化严重指数 LSI 估算液化引起的侧移最大值，提出了估算经验公式。随后 Bartlett 等[86] 又通过美国和日本的 8 次地震液化灾害数据针对自由临空水平场地和无自由临空缓坡场地分别提出了估算侧向水平位移的经验公式。后来 Youd 等[87] 在 2002 年对模型做了修正。Zhang 等[88] 基于 SPT 或 CPT 试验同过最大循环剪应变随深度积分的方法计算水平位移指标 LDI，然后分别建立了缓坡和自由临空水平场地液化侧移预测公式。Franke 等[89] 在经验公式的基础上考虑了不确定性的影响，提出了经验概率预测模型。Goh 等[90] 在 2014 年采用改进的多重线性回归方法建立了液化侧移预测模型，并验证了该模型比多重线性回归方法的预测结果要准确。

在国内，刘惠珊等[91] 总结了中国、美国和日本从 1983 年至 1994 年 10 多年的主要研究成果，并收集了相关液化引起大位移的震害实例，在此基础上提出了一些建议。张建民[92] 提出了基于原位试验为参数的液化侧移经验预测方法。Zhang 等[93] 对 2005 年以前已有的液化场地侧移经验方法进行了总结，在此基础上考虑震源机制、破坏机制、结构形式等因素提出了适用于非自由场地的经验估计方法。郑晴晴等[94] 基于震害调查数据采用蒙特卡罗方法模拟已有的液化侧移回归公式中的参数随机性，提出了针对区域性地震液化侧移的预测模型框架。

上述经验公式和回归模型的表达式较为简单，考虑的液化侧移影响因素过少导致预测精度不够，无法准确反映这些影响因素与侧移的非线性关系。为了考虑液化侧移与其影响因素的非线性以及提高模型的预测精度，贝叶斯网络、神经网络、支持向量机等机器学习方法被应用于液化后的侧移评估中。余跃心等[95] 采用神经网络方法分别根据 204 组自由临空面液化灾害数据和 260 组无自由临空面灾害数据分析了地震震级、震中距、地表峰值加速度、地形坡度、液化层厚度、液化指数等与液化侧移的相互关系，在所选的液化侧移影响中，地形、液化层厚度和液化指数的影响最为显著。Wang 等[96] 采用神经网络考虑不同的影响因素建立了自由临空面液化侧移预测、无自由临空面液化侧移预测和混合液化侧移预测三个模型，并与回归模型对比验证了其有效性。Baziar 等[97] 和 García 等[98] 采用神经网络方法考虑不同影响因素建立了综合液化侧移评估模型。Javadi 等[99] 采用遗传算法分别建立了自由临空面液化侧移预测、无自由临空面液化侧移预测模型，并与多重线性回归模型对比验证了该方法的准确性。Rezania 等[100] 采用进化多项式回归方法建立液化侧移预测模型，并与神经网络和线性回归模型对比验证了其准确性。Das 等[101] 采用最小二乘支持向量机方法建立了液化侧移预测模型，并与神经网络模型对比验证其有效性。Tang 等[102] 采用贝叶斯网络方法考虑了地震液化引起的多个类型灾害以及其相关重要的影响因素，建立了地震液化灾害的贝叶斯网络风险评估模型和决策模型，但只是单纯采用数学手段处理具有物理力学特性的液化问题，而且该模型的灾害评估精度还不够理想。张政等[103] 以集集地震液化为对象，构建了只适用于缓坡的贝叶斯网络液化侧移预测模型。

以上所有经验公式和机器学习模型考虑的液化侧移影响因素不统一、未考虑适用于侧移计算的地震强度指标、模型的通用性不强，而且忽略了液化侧移影响因素的随机性和不确定性，其预测精度和适用性有待进一步改善。

1.2.4 地震液化沉降预测研究

多年的研究积累，使得地震液化判别方法得到了极大的提升和丰富。但和 Casagrande[2] 从应变角度解释液化机理的观点类似，场地发生液化并不是产生液化震害的充分条件，实际工程中通常更加关注液化引起的震害变形。对地震液化引起的震害变形评价被认为是未来液化研究的主要方向之一。而各类震害变形中危害最大的就是沉降变形，目前地震液化沉降变形预测方法主要有三种，分别是简化计算方法、新型非确定性方法以及数值模拟方法。

1.2.4.1 简化计算方法

地震液化沉降变形的简化计算方法主要由砂土液化室内试验数据总结归纳而来。1987 年 Tokimatsu 等[104] 通过砂土液化室内试验发现，液化沉降的控制因素主要有循环应力比和相对密实度，然后基于试验数据建立了基于修正标贯锤击数 $(N_1)_{60}$ 和地震剪应力比 CSR 计算土体液化沉降的简化计算方法。类似地，1992 年 Ishihara 等[105] 基于一系列的饱和砂土单剪试验，归纳出了液化安全系数与最大剪应变之间以及最大剪应变与液化后体应变之间的量化关系，然后通过最大剪应变这一中间变量，建立了不同砂土密实度条件下液化安全系数与砂土液化后体应变的关系曲线，使得工程人员能够方便地根据液化安全系数和标贯击数估算砂土的液化后沉降。叶斌等[106] 利用上述两种简化方法对某实际工程场地液化后沉降变形进行了计算，比较发现 Tokimatsu 法与 Ishihara 法算得的沉降趋势类似，但由于两种方法建立的基础不同导致具体数值存在差异，Ishihara 法更偏于保守。

简化计算方法易于应用，但是仅能用于精度要求不高的估算。而且由于砂土液化室内

试验的液化后体应变未考虑实际场地的水土流失和土体不均匀性等隐含变量，大大限制了预测精度和适用范围。

1.2.4.2 新型非确定性方法

考虑多个液化沉降影响因素的新型非确定性方法，能够基于历史液化沉降数据，通过概率方法或机器学习方法综合评估场地液化后沉降变形。2008 年陈国兴等[107] 在人工神经网络液化判别模型的基础上，基于液化沉降实测数据建立了 8 个因素的神经网络液化沉降预测模型，并分析了各个因素对液化后沉降量的影响规律。2009 年 Cetin 等[108] 基于大量室内试验结果，利用简单线性回归和极大似然法建立了液化沉降的概率评估模型，对于循环应力比、修正标贯击数等给定参数，能够预测不同等级沉降量的发生概率。2013 年，Juang 等[109] 在基于 CPT 参数的确定性简化估计方法的基础上，根据历史液化沉降场地的 CPT 实测数据，利用液化可能性和极大似然法等概率手段建立了不确定性的液化沉降预测模型。该模型通过输入 CPT 参数和地震震级等信息，可以算得各个分层土体的液化安全系数、液化概率和体应变，然后得到整体液化沉降预测值的分布均值和方差。2018 年，Tang 等[110] 基于 Hu 等[111] 提出的评估土体液化势的 12 因素 BN 模型，加入了液化潜能指数 LPI、沉降、侧移、砂沸、地裂缝和液化灾害严重性指标 SLH 等新的液化灾害节点，从而得到了基于 BN 的液化灾害风险评估模型。该模型不仅能够较为精确的预测震害发生的可能性，还能评估灾害的严重程度。随后唐小微等[112] 基于类似的方法，提出了仅用于评估地震液化沉降变形的 BN 模型，通过与 ANN 方法和 Ishihara 简化方法对比，验证了 BN 模型的可行性和稳定性。

上述这些用于自由场液化沉降变形预测的新型非确定性方法，能够将液化沉降影响因素的不确定性和隐变量加以考虑，并且给出沉降预测值的概率范围，相比于简化估计法有较大提升。特别是 BN 模型在地震液化沉降变形预测方面也表现出了极好的性能，并且进一步体现了贝叶斯网络的可解释性、融合专业知识等突出优点。但现有的 BN 模型均只支持离散变量建模，预测结果只能是有限个分类区间，并且也同样存在连续变量离散化造成信息丢失的问题，因此有必要研究在贝叶斯网络中直接应用连续变量的方法，从而使 BN 模型更加适用于液化沉降变形预测这一连续型回归问题。

1.2.4.3 数值模拟方法

砂土液化研究的早期，大量动三轴和动单剪试验结果促成了对砂土液化机理的了解和认识。随着研究的不断深入，更多的研究开始关注饱和砂土在动载作用下的应力、变形、孔压增长和整体稳定性，研究手段主要分为模型试验和数值模拟两种。其中砂土液化数值模拟能较好地反映土体真实动力响应，并且简便易行，适用范围广泛，是近年来的研究和应用热点之一。根据土体本构模型的不同，液化分析数值模拟方法可分为等效线性分析和非线性分析。根据对超孔压的分析方法不同，又分为总应力分析、拟有效应力分析和动力固结分析，其中动力固结分析是主流方法[113]。

动力固结分析方法虽然较好地处理了孔压与土体动力固结变形之间的关系，但其计算准确度仍依赖于动力本构模型。例如，Elgamal 等[114] 基于多屈服面塑性理论发展出了一种考虑循环活动性的砂土动力本构模型，将其应用于砂土液化分析的有限元模型之中，并基于离心机模型试验对该数值模型进行了标定。庄海洋等[115] 在此基础上，将原模型的不连续硬化准则进行了相关改进，并将其开发为ABAQUS软件的子程序，用砂土的动三轴数值模拟进行了验证。此外，邹佑学等[116] 通过二次开发将其提出的砂土液化大变形本构模型加入到FLAC软件中，并通过VELACS项目的砂土液化离心机试验进行了模型的验证。砂土液化机理复杂，VELACS项目和LEAP计划正是为了验证和改进现有的砂土动力本构模型而发起的，可见获得一个广为接受的砂土动力本构模型十分困难。

Oka等[117-118] 基于有限元（finite element methad，FEM）和有限差分（finite difference method，FDM）耦合方法提出了一种砂土液化数值方法以及循环弹塑性本构模型，并将其内置于土体动力反应分析专用软件LIQCA（coupled analysis of liquefaction）中。Matsuo等[119] 基于LIQCA软件，利用循环弹塑性本构模型模拟了液化土层上堤坝的离心机试验和实际地震震害，通过比较实际数据与计算结果，验证了模型的有效性，但实际场地的地震震害十分复杂，该模型仅能定性分析。吴俊贤等[120] 利用LIQCA软件对土石坝离心机试验进行了模拟，根据对加速度和孔压的分析结果认为该数值模型较为可靠。Hu等[121] 基于LIQCA软件分析了地铁车站的地震液化上浮响应，并根据120个不同工况的计算结果总结了地下结构的上浮机理。Lu等[122] 则利用LIQCA 3D进行了一系列砂土液化沉降的数值模拟，用于确定其提出的液化沉降简化方法中的未知参数。上述研究表明该数值模型能够较好地表征砂土液化的相关特性。

得益于砂土液化模型试验和数值模型的发展，使用数值模拟方法预测液化沉降的精度已经较为可观。王禹等[123] 认为现有的数值模型采用常值渗透系数会使得液化沉降的模拟结果低于实际值，并基于OpenSees软件提出变渗透系数的砂土液化沉降数值模型，较好地提升了数值模型的预测精度。Karimi等[124] 利用离心机试验标定的三维数值模型进行了一系列土-基础-结构动力分析，用以确定建筑基础的液化沉降关键因素以及各因素之间的相关性，同时也为今后液化沉降概率性评估方法的发展提供可靠的数据库。学术研究和重大项目中，数值模拟的方法常有应用，但其明显的缺点就是需要很大的算力，且对建模能力要求极高。因此将数值模拟与新型非确定性方法结合，提出更加可靠和简便的液化沉降评估方法，是一个可行的发展方向。

1.2.5 地下结构液化上浮预测研究

多个研究报告报道过大地震下城市地下结构的破坏实例。美国土木工程学会[126] 报道了San Fernando（圣费尔南多）地震对洛杉矶地区地下结构破坏的实例；日本土木工程学会[127] 对沉管隧道地震损伤特性进行了结；Hashash等[128]、Kontogianni等[129] 对地下结构震损进行了大量调查与总结。震害经验表明，地下结构的震害机理可以归纳为以下5点：①地下结构振动受到周边土体影响，一般不表现自振特性；②地基土变形是地下结构震害的主要诱因；③地下结构沿线地质条件变化较大区域震害严重，特别是地下结构穿越松散砂土层、软土层、断层破碎带等不良地质带区域；④震级大、离震中或断层近、峰值加速度大、强震持续时间长，地下结构的破坏更为严重；⑤地下结构的地震性能与其几何形状、埋深、刚度、施工工艺有关，浅埋隧道比深埋隧道更易受地震损坏。Power等[130] 发现地表峰值加速度不大于0.20g，地震动仅会引起隧道的轻微损坏。

1985 年，距墨西哥城西南约 400km 处的太平洋海岸 M_w 8.1 级地震造成墨西哥城停水、停电，交通和通信中断，全市陷入瘫痪。墨西哥城的地铁系统采用明挖法施工建造，101 个地铁车站中有 13 个停止使用，地铁隧道和车站结构连接处发生轻微裂缝，软土地基上的地铁车站侧墙与地表结构相交部位发生分离破坏现象；一段建在软弱地基上的箱形结构地铁区间隧道，在地下段向地上段的过渡区内接缝部位出现错位。这次地震灾害教训极其深刻，其原因在于墨西哥城是由湖泊沉积而成的封闭式盆地，灾害主要集中于覆盖层厚 150～300m 的市中心区域。地震专家利用地震的强地面运动记录和脉动记录，给出了墨西哥城湖积层地面运动长周期放大作用的定量结果[130-131]：湖积层 0.2～0.7Hz 频带的地表地震动比大学城丘陵区的地表地震动放大 8～50 倍；地震波在盆地内多次反射和折射，并与盆地内的松软沉积层发生共振，使得湖积层的地面地震动峰值加速度比丘陵区的放大 4～5 倍，达到 $0.09g$～$0.17g$。

1995 年日本阪神地震（$M_w=6.9$）中，神户市的地面峰值加速度普遍在 $0.05g$ 以上，导致神户市的地铁车站、地下隧道、地下综合管廊等大量地下工程发生严重破坏[132-133]。神户市高速铁道的大开站、长田站及其之间的隧道，神户市营铁道的三宫站、上泽站、新长田站、上泽站西侧的隧道及新长田站东侧的隧道均发生严重破坏。这是首次广泛报道的地铁主体结构出现严重地震震害。其中，大开车站最为严重，车站结构为外部尺寸长 120m、宽 17m、高 7.17m 并带有中柱的混凝土箱形结构，上覆土层厚 4.8m，其破坏段沿纵向 100m，35 根钢筋混凝土柱中有 30 根被压碎，钢筋被压弯鼓出外露，箍筋完全破坏，导致顶板坍塌和上覆土层沉降，侧墙出现水平裂缝和斜裂缝。柱子的破坏有两种类型：一种是柱脚被压碎鼓胀；另一种是柱子与顶板连接处被压碎鼓胀。这也是完整记录到的不跨越活断层而在地震作用下完全倒塌的地下结构震害实例。与大开车站平行的 28 号国道在长 90m×宽 23m 范围内发生塌陷，最大沉降量超过 2.5m，顶板中线两侧 2m 范围内，纵向裂缝宽 150～250mm。几乎全线都在液化土中的综合管廊 2 号线的横截面主要在角部产生裂缝，底层中壁上下端有贯通裂缝，内部许多结构接缝错位或分开，内壁混凝土剥落；管道进水，水深 100～200mm，积水长度 150m 左右。多位学者开展了大开车站的倒塌机理研究，Iida 等[134] 认为，顶板和底板间的相对位移对中柱产生很大的水平向剪力，顶板上覆土体对结构产生附加的惯性力作用；Huo 等[135] 认为，由于车站结构的大跨度，大的剪切荷载和大的竖向荷载的共同作用导致中柱的粉碎性剪切破坏。

此外，2004 年日本新潟县中越地区 M_w 6.6 级地震中，城市供水系统大规模损坏，上越新干线 8.6km 的铁路隧道严重受损，钢轨鼓曲、列车脱轨，中段的内衬混凝土块剥落[136-137]。2008 年我国汶川 8.0 级地震中，成都的地震烈度仅为 6 度，但按 7 度抗震设防的成都地铁有 4 个地下车站的主体结构发生局部损坏，车站墙体出现多条裂缝，裂缝宽 0.1～0.5mm、长 1.2～5.0m，部分裂纹出现渗水现象；区间盾构隧道产生比较明显的管片衬砌裂缝、剥落、错台、螺栓拉坏和渗水等震害现象，且盾构管片间及各环间渗水面积有加大迹象。渗漏位置主要发生在横断面 45°方向，呈 X 形共轭分布，纵向错台主要发生在隧道的侧部[138]。

1. 数值模拟方法

在数值模拟研究方面，Choi 等[139] 利用限元分析软件考虑土-结构间的接触面在震动过程中的滑移、分离等现象，对地下结构进行分析，确定了影响地下结构抗震性能的一些关键因素。Huo 等[140] 于 2005 年利用数值实验对日本阪神地震中发生过倒塌破坏现象的大开地铁车站进行研究，揭示了地下结构和周围土体之间的荷载传递机理，并对同种地震激励下大开地铁车站类似截面呈现出不同响应的现象进行解释。Mahmood 等[141] 在 2008 年采用有限元方法对相互作用系统建模，研究了土-结构相互作用对钢筋混凝土结构抗震性的影响。2014 年，Abate 等[142] 数值模拟了缩尺模型隧道的横向地震反应，对比了离心机试验结果，结果表明地基地表沉降一致，隧道的动弯矩与环向内力存在适度的差异。

在国内，曹炳政等[143] 在 2002 年对日本阪神地震中的大开地铁车站运用动力有限元的复反应分析方法进行了地震反应分析。刘华北[144] 在饱和土耦合作用与土和结构相互作用理论基础上，以地铁车站为例，采用动力两相体非线性有限元软件 Dyna - Swandyne Ⅱ，研究地下结构在地震液化作用下的响应，该软件可以应用先进的 Pastor - Zienkiewicz Ⅲ广义塑性模型模拟可液化土的动力特性，应用 $u-p$ 形式的方程，在有限元分析中充分考虑孔隙水与土之间的耦合，同时考虑地下结构与饱和土在动力作用下的非线性相互作用，分析了地铁车站的动力响应，包括地铁内力、加速度以及地铁位移。庄海洋[145] 对浅埋于可液化南京细砂地基中的地铁车站结构的大型振动台试验结果进行了进一步的整理，主要分析了地铁车站结构侧向地基土发生液化大变形时车站结构的应变反应、加速度反应和土与结构侧墙之间接触面的动土压力反应。陈国兴等[146] 于 2008 年利用 ABAQUS 有限元软件模拟多个工况下的土-地下结构体系的地震响应，且与振动台实验结果进行对比，验证了计算机分析的力学建模和振动台实验结果的正确性。Zhuang 等[147] 在 2015 年通过数值模拟分析了在可液化土壤中建造的大型地下地铁结构的非线性地震反应，研究发现现有地铁站对附近可能发生液化的土壤的液化有显著影响。Bao 等[148] 在 2017 年采用基于有效应力的土-水完全耦合有限元-有限差分方法，对可液化土壤沉积中大型地铁隧道的抗震性能进行了研究。

2. 监督机器学习方法

在监督机器学习模型研究方面，由于地震液化导致地下结构物上浮的历史数据偏少，目前鲜有基于机器学习方法的研究成果。Satoh 等[149] 在 1995 年根据过去地震事件的观测数据，提出了预测永久地面位移大小的经验公式。郑刚等[150] 根据数值模拟出上浮数据库，运用逻辑回归提出矩形隧道上浮位移与结构埋深和断面面积的计算公式。Zheng 等[151] 基于有限差分法的数值模型，构建人工数据库，提出用于预测周围土体液化引起上浮位移的人工神经网络、支持向量机两种模型。

综上所述，已有的地下结构上浮预测模型都具备较好的预测性能，但仍存在一些不足，如有些预测模型需考虑超孔隙水压力，而超孔隙水压力在实际中难以评估。因此，有必要挑选常规参数变量，构建一个泛化性能更好、适用性更强的机器学习模型。

1.3 本书的主要内容与结构安排

本书的主要内容如下：

第 1 章主要介绍了本书的研究背景和意义，介绍了地震液化影响因素筛选、地震液化

风险判别研究、地震液化侧移和沉降、地震液化诱发地下结构上浮预测的国内外研究现状，分析了现有研究的不足。

第 2 章主要介绍了贝叶斯逻辑回归方法的原理及其在地震液化风险判别中的应用。首先，基于多个地震液化的影响因素，建立了贝叶斯自适应套索逻辑回归砂土液化判别模型，有效地解决考虑影响因素过多或因素间存在共线性进而严重影响模型预测精度的难题；其次，探讨了土质类别对逻辑回归液化判别模型的影响，并以 1976 年唐山地震的 CPTu 案例数据，验证了模型的有效性；最后，探讨了不同算法参数和先验分布对模型性能的影响。

第 3 章引入人工神经网络的蒙特卡罗模拟方法，进行了液化触发的参数敏感性分析。此外，在数据集中加入标准化的累积绝对速度 CAV_5，考虑了地震特性的重要指标，如近断层距、地震动频率、断层类型和地震持续时间，构建了一个能够评估近断层区液化危险的判别模型。

第 4 章基于神经网络方法，构建了地震液化侧移风险评估模型。在模型中考虑了细粒含量和标准化累积绝对速度的影响，并分析了参数的敏感性。

第 5 章基于决策树算法，如随机树、随机森林和误差降低剪枝树等模型，构建了浅基础建筑物液化诱发的沉降风险评估模型。为了确定结构构造、土体条件和地震动参数对液化诱发沉降的单独影响，对输入参数进行了敏感性分析。

第 6 章首先针对地下结构物地震液化的影响因素做了全面分析；其次，筛选出了适用于有限元数值分析的相对重要因素，并根据数值分析结果从这些相对重要因素中选出适用于评估模型的因素；最后，基于贝叶斯网络方法建立了地下结构物地震液化上浮灾害的风险评估模型。

第 7 章对本书的研究成果做了总结，并提出了后续研究工作的展望。

参考文献

[1] 李广信，张丙印，于玉贞. 土力学 [M]. 2 版. 北京：清华大学出版社，2013.

[2] CASAGRANDE A. Liquefaction and cyclic deformation of sands: a critical review [C] //Proceedings of 5th panamerican conference on soil Mechanics and foundation engineering. Buenos Aires, Argentina: 1975.

[3] 汪闻韶. 土的动力强度和液化特性 [M]. 北京：中国电力出版社，1997.

[4] HAMADA M, ISOYAMA R, WAKAMATSU K. Liquefaction - induced ground displacement and its related damage to lifeline facilities [J]. Soils & Foundations, 1996, 36: 81 - 97.

[5] ISHIHARA K. Liquefaction and flow failure during earthquakes [J]. Géotechnique, 1993, 43 (3): 351 - 451.

[6] 陈国兴，金丹丹，常向东，等. 最近 20 年地震中场地液化现象的回顾与土体液化可能性的评价准则 [J]. 岩土力学，2013，34 (10)：2737 - 2755，2795.

[7] 陈龙伟，袁晓铭，孙锐. 2011 年新西兰 M_w6.3 地震液化及岩土震害述评 [J]. 世界地震工程，2013，29 (3)：1 - 9.

[8] 黄雨，于森，孙锐. 2011 年日本东北地区太平洋近海地震地基液化灾害综述 [J]. 岩土工程学报，2013，35 (5)：834 - 840.

[9] SEED B, LEE K L. Liquefaction of saturated sands during cyclic loading [J]. Journal of soil me-

chanics & foundations div, 1966, 92 (6): 105 - 134.
[10] 陈国兴. 岩土地震工程学 [M]. 北京：科学出版社，2007.
[11] 朱淑莲. 唐山地震时砂土液化影响因素的统计分析 [J]. 地震地质，1980 (2): 79 - 80.
[12] 朱淑莲. 地震时砂土液化的数理统计预测 [J]. 地震地质，1981 (3): 71 - 82.
[13] 盛俭，袁晓铭，王禹萌，等. 岩土震害影响因子权重研究：以砂土液化为例 [J]. 自然灾害学报，2012，21 (2): 76 - 82.
[14] TANG X W, HU J L, QIU J N. Identifying significant influence factors of seismic soil liquefaction and analyzing their structural relationship [J]. KSCE Journal of civil engineering, 2016, 20 (7): 2655 - 2663.
[15] SEED H B, IDRISS I M. Simplified procedure for evaluating soil liquefaction potential [J]. Journal of the soil mechanics and foundations division, 1971, 97 (9): 1249 - 1273.
[16] SEED H B, IDRISS I M. Ground motions and soil liquefaction during earthquakes [J]. Earthquake engineering research inst, Berkeley, California, 1982.
[17] YOUD T L, IDRISS I M. Liquefaction resistance of soils: summary report from the 1996 NCEER and 1998 NCEER/NSF workshops on evaluation of liquefaction resistance of soils [J]. Journal of geotechnical and geoenvironmental engineering, 2001, 127 (4): 297 - 313.
[18] OLSEN R S. Cyclic liquefaction based on the cone penetrometer test [M]//Proceedings of the NCEER workshop on evaluation of liquefaction resistance of soils. Buffalo, N. Y.: National Center for Earthquake Engineering Research, State University of New York, 1997: 225 - 276.
[19] YOUD T L, IDRISS I M. Proceedings of the NCEER workshop on evaluation of liquefaction resistance of soils [M]. New York: National Center for Earthquake Engineering Research, 1997.
[20] ROBERTSON P K, WRIDE C (Fear). Evaluating cyclic liquefaction potential using the cone penetration test [J]. Canadian geotechnical journal, 1998, 35 (3): 442 - 459.
[21] SEED R, CETIN K, MOSS R, et al. Recent advances in soil liquefaction engineering: a unified and consistent framework. EERC 2003 - 06, Long Beach, CA: Earthquake Engineering Research Center, 2003.
[22] 邹海峰，刘松玉，蔡国军，等. 基于电阻率CPTU的饱和砂土液化势评价研究 [J]. 岩土工程学报，2013，35 (7): 1280 - 1288.
[23] 李平，田兆阳，薄景山，等. 松原5.7级地震砂土液化研究 [J]. 土木工程学报，2019，52 (9): 91 - 99.
[24] STOKOE K H, ROESSET J M, BIERSCHWALE J G, et al. Liquefaction potential of sands from shear wave velocity [C] //Proceedings, 9nd World Conference on Earthquake. 1988, 13: 213 - 218.
[25] 曹振中，袁晓铭. 砂砾土液化的剪切波速判别方法 [J]. 岩石力学与工程学报，2010，29 (5): 943 - 951.
[26] 孙锐，袁晓铭. 适于不同深度土层液化的剪切波速判别公式 [J]. 岩土工程学报，2019，41 (3): 439 - 447.
[27] ANDRUS R D, STOKOE K H. Liquefaction resistance based on shear wave velocity [M]. New York: National Center for Earthquake Engineering Research, 1997.
[28] ANDRUS R D, STOKOE K H. Liquefaction resistance of soils from shear - wave velocity [J]. Journal of geotechnical and geoenvironmental engineering, 2000, 126 (11): 1015 - 1025.
[29] GB 50011—2010，建筑抗震设计规范 [S]. 北京：中国建筑工业出版社，2010.
[30] NEMAT - NASSER S, SHOKOOH A. A unified approach to densification and liquefaction of cohesionless sand in cyclic shearing [J]. Canadian geotechnical journal, 1979, 16 (4): 659 - 678.

[31] DAVIS R O, BERRILL J B. Energy dissipation and seismic liquefaction in sands [J]. Earthquake engineering and structural dynamics, 1982, 10 (1): 59 - 68.

[32] LAW K T, CAO Y L, HE G N. An energy approach for assessing seismic liquefaction potential [J]. Canadian geotechnical journal, 1990, 27 (3): 320 - 329.

[33] CHEN Y R, HSIEH S C, CHEN J W, et al. Energy - based probabilistic evaluation of soil liquefaction [J]. Soil dynamics and earthquake engineering, 2005, 25 (1): 55 - 68.

[34] ZHANG W, GOH A T C, ZHANG Y, et al. Assessment of soil liquefaction based on capacity energy concept and multivariate adaptive regression splines [J]. Engineering geology, 2015, 188: 29 - 37.

[35] LIAO S S, VENEZIANO D, WHITMAN R V. Regression models for evaluating liquefaction probability [J]. Journal of geotechnical Engineering, 1988, 114 (4): 389 - 411.

[36] TOPRAK S, HOLZER T L, BENNETT M J, et al. CPT - and SPT - based probabilistic assessment of liquefaction potential [M]//Proceedings of 7th US - Japan workshop on earthquake resistant design of lifeline facilities and countermeasures against liquefaction. Buffalo, NY: Multidisciplinary Center for Earthquake Engineering Research, 1999.

[37] JUANG C H, JIANG T, ANDRUS R D. Assessing probability - based methods for liquefaction potential evaluation [J]. Journal of geotechnical and geoenvironmental engineering, 2002, 128 (7): 580 - 589.

[38] LAI S - Y, CHANG W - J, LIN P - S. Logistic regression model for evaluating soil liquefaction probability using CPT data [J]. Journal of geotechnical and geoenvironmental engineering, 2006, 132 (6): 694 - 704.

[39] JAFARIAN Y, BAZIAR M H, REZANIA M, et al. Probabilistic evaluation of seismic liquefaction potential in field conditions: A kinetic energy approach [J]. Engineering computations, 2011, 28 (6): 675 - 700.

[40] 袁晓铭，曹振中. 基于土层常规参数的液化发生概率计算公式及其可靠性研究 [J]. 土木工程学报，2014，47 (4)：99 - 108.

[41] 王军龙. 砂土液化等级预测的主成分- Logistic 回归模型 [J]. 长江科学院院报，2015，32 (9)：134 - 139.

[42] ZHANG W, GOH A T C. Evaluating seismic liquefaction potential using multivariate adaptive regression splines and logistic regression [J]. Geomechanics and engineering, 2016, 10 (3): 269 - 284.

[43] CHUNG J, ROGERS J D. Deterministic and probabilistic assessment of liquefaction hazards using the liquefaction potential index and liquefaction reduction number [J]. Journal of geotechnical and geoenvironmental engineering, 2017, 143 (10): 04017073.

[44] 蔡煜东，宫家文，姚林声. 砂土液化预测的人工神经网络模型 [J]. 岩土工程学报，1993 (6)：53 - 58.

[45] GOH A T. Seismic liquefaction potential assessed by neural networks [J]. Journal of geotechnical engineering, 1994, 120 (9): 1467 - 1480.

[46] GOH A T. Neural - Network modeling of CPT seismic liquefaction data [J]. Journal of geotechnical engineering, 1996, 122 (1): 70 - 73.

[47] JUANG C H, CHEN C J, TIEN Y M. Appraising cone penetration test based liquefaction resistance evaluation methods: artificial neural network approach [J]. Canadian geotechnical journal, 1999, 36 (3): 443 - 454.

[48] JUANG C H, CHEN C J, TANG W H, et al. CPT - based liquefaction analysis, part 1: determi-

nation of limit state function [J]. Géotechnique, 2000, 50 (5): 583 - 592.

[49] JUANG C H, YUAN H, LEE D H, et al. Simplified cone penetration test - based method for evaluating liquefaction resistance of soils [J]. Journal of geotechnical and geoenvironmental engineering, 2003, 129 (1): 66 - 80.

[50] 林志红，项伟. 基于贝叶斯正则化 BP 神经网络的砂土地震液化研究 [J]. 安全与环境工程，2011，18 (2)：23 - 27.

[51] 康飞，彭涛，杨秀萍. 基于剪切波速与神经网络的砂砾土地震液化判别 [J]. 地震工程与工程振动，2014，34 (1)：110 - 116.

[52] NJOCK P G A, SHEN S - L, ZHOU A, et al. Evaluation of soil liquefaction using AI technology incorporating a coupled ENN/t - SNE model [J]. Soil Dynamics and earthquake engineering, 2020, 130: 105988.

[53] CORTES C, VAPNIK V. Support - vector networks [J]. Machine learning, 1995, 20 (3): 273 - 297.

[54] 周志华. 机器学习 [M]. 北京：清华大学出版社，2016.

[55] 师旭超，范量，韩阳. 基于支持向量机方法的砂土地震液化分析 [J]. 河南科技大学学报（自然科学版），2004 (3)：74 - 77.

[56] 夏建中，罗战友，龚晓南，等. 基于支持向量机的砂土液化预测模型 [J]. 岩石力学与工程学报，2005 (22)：4139 - 4144.

[57] PAL M. Support vector machines - based modelling of seismic liquefaction potential [J]. International journal for numerical and analytical methods in geomechanics, 2006, 30 (10): 983 - 996.

[58] GOH A T, GOH S H. Support vector machines: their use in geotechnical engineering as illustrated using seismic liquefaction data [J]. Computers and geotechnics, 2007, 34 (5): 410 - 421.

[59] XUE X, YANG X. Seismic liquefaction potential assessed by support vector machines approaches [J]. Bulletin of engineering geology and the environment, 2015, 75 (1): 153 - 162.

[60] HOANG N - D, BUI D T. Predicting earthquake - induced soil liquefaction based on a hybridization of kernel Fisher discriminant analysis and a least squares support vector machine: a multi - dataset study [J]. Bulletin of engineering geology and the environment, 2018, 77 (1): 191 - 204.

[61] RAHBARZARE A, AZADI M. Improving prediction of soil liquefaction using hybrid optimization algorithms and a fuzzy support vector machine [J]. Bulletin of engineering geology and the environment, 2019, 78 (7): 4977 - 4987.

[62] BAYRAKTARLI Y Y. Application of Bayesian probabilistic networks for liquefaction of soil [C] // 6th International PhD Symposium in Civil Engineering. Zurich, Switzerland: Institute of Structural Engineering ETH Zurich, 2006, 8: 23 - 26.

[63] HUANG H W, ZHANG J, ZHANG L M. Bayesian network for characterizing model uncertainty of liquefaction potential evaluation models [J]. KSCE journal of civil engineering, 2012, 16 (5): 714 - 722.

[64] HU J L, TANG X W, QIU J N. A Bayesian network approach for predicting seismic liquefaction based on interpretive structural modeling [J]. Georisk: assessment and management of risk for engineered systems and geohazards, 2015, 9 (3): 200 - 217.

[65] HU J L, TANG X W, QIU J N. Assessment of seismic liquefaction potential based on Bayesian network constructed from domain knowledge and history data [J]. Soil dynamics and earthquake engineering, 2016, 89: 49 - 60.

[66] HU J, LIU H. Identification of ground motion intensity measure and its application for predicting soil liquefaction potential based on the Bayesian network method [J]. Engineering geology, 2019,

248: 34 - 49.

[67] HU J, LIU H. Bayesian network models for probabilistic evaluation of earthquake - induced liquefaction based on CPT and Vs databases [J]. Engineering geology, 2019, 254: 76 - 88.

[68] 张剑飞，王辉，周颜军，等. 基于局部优化具有连续变量的贝叶斯网络结构学习 [J]. 东北师大学报（自然科学版），2006 (01): 27 - 30.

[69] BREIMAN L. Random forests [J]. Machine learning, 2001, 45: 5 - 32.

[70] KOHESTANI V R, HASSANLOURAD M, Ardakani A. Evaluation of liquefaction potential based on CPT data using random forest [J]. Nat hazards, 2015, 79: 1079 - 1089.

[71] NEJAD A S, GÜLER E, ÖZTURAN M. Evaluation of liquefaction potential using random forest method and shear wave velocity results [C]. Proc. International Conference on Applied Mathematics & Computational Science, Budapest, Hungary, 2018: 23 - 233.

[72] DEMIR S, SAHIN E K. Comparison of tree - based machine learning algorithms for predicting liquefaction potential using canonical correlation forest, rotation forest, and random forest based on CPT data [J]. Soil dynamics and earthquake engineering, 2022, 154: 107130.

[73] ZHOU J, HUANG S, ZHOU T, et al. Employing a genetic algorithm and grey wolf optimizer for optimizing RF models to evaluate soil liquefaction potential [J]. Artificial intelligence review, 2022, 55: 5673 - 5705.

[74] DEMIR S, ŞAHIN E K. Liquefaction prediction with robust machine learning algorithms (SVM, RF, and XGBoost) supported by genetic algorithm - based feature selection and parameter optimization from the perspective of data processing [J]. Environmental earth sciences, 2022, 81: 459.

[75] OZSAGIR M, ERDEN C, BOL E, et al. Machine learning approaches for prediction of fine - grained soils liquefaction [J]. Computers and geotechnics, 2022, 152: 105014.

[76] KUMAR D R, SAMUI P. Burman A. Prediction of Probability of Liquefaction Using Soft Computing Techniques [J]. J. Inst. Eng. India Ser. A, 2022, 103 (4): 1195 - 1208.

[77] KURNAZ T F, ERDEN C, KÖKÇAM A H, et al. A hyper parameterized artificial neural network approach for prediction of the factor of safety against liquefaction [J]. Engineering geology, 2023, 319: 107109.

[78] YASUDA S, NAGASE H, KIKU H, et al. A simplified procedure for the analysis of the permanent ground displacement [R]. NCEER - 91 - 0001, National Center for Earthquake Research, 1991.

[79] TOWHATA I, SASAKI Y, TOKIDA K I, et al. Prediction of permanent displacement of liquefied ground by means of minimum energy principle [J]. Soils and foundations, 1992, 32 (3): 97 - 116.

[80] TOBOADA V M, DOBRY R. Centrifuge Modeling of Earthquake - Induced Lateral Spreading in Sand [J]. Journal of geotechnical and geoenvironmental engineering, 1998, 124 (12): 1195 - 1206.

[81] DOBRY R, TABOADA U, LIU L. Centrifuge modeling of liquefaction effects during earthquakes [C]. Proc. First International Conference on Earthquake Geotechnical Engineering, Tokyo, Japan, 1995, 3: 1291 - 1324.

[82] 周云东，刘汉龙，高玉峰，等. 砂土地震液化后大位移室内试验研究探讨 [J]. 地震工程与工程振动，2002，22 (1): 152 - 157.

[83] 刘汉龙，周云东，高玉峰. 砂土地震液化后大变形特性试验研究 [J]. 岩土工程学报，2002，24 (2): 142 - 146.

[84] HAMADA M, YASUDA S, ISOYAMA R, et al. Study on liquefaction - induced permanent ground displacement [R]. Tokyo: Association for the Development of Earthquake Prediction in Japan, 1986.

[85] YOUD T L，PERKINS D M. Mapping of liquefaction severity index [J]. Journal of geotechnical and geoenvironmental engineering，1987，113 (11)：1374 - 1392.

[86] BARTLETT S F，YOUD T L. Empirical prediction of liquefaction indued Lateral Spread [J]. Journal of geotechnical engineering，1995，121 (4)：316 - 329.

[87] YOUD T L，HANSEN C M，BARTLETT S F. Revised multilinear regression equations for prediction of lateral spread displacement [J]. Journal of geotechnical and geoenvironmental engineering，2002，128 (12)：1007 - 1017.

[88] ZHANG G，ROBERTSON P K，BRACHMAN R W. I. Estimating liquefaction - induced lateral displacements using the standard penetration test or cone penetration test [J]. Journal of geotechnical and geoenvironmental engineering，2004，130 (8)：861 - 871.

[89] FRANKE K W，KRAMER S L. Procedure for the empirical evaluation of lateral spread displacement hazard curves [J]. Journal of geotechnical and geoenvironmental engineering，2014，140 (1)：110 - 120.

[90] GOH A T C，ZHANG W G. An improvement to MLR model for predicting liquefaction - induced lateral spread using multivariate adaptive regression splines [J]. Engineering geology，2014，170：1 - 10.

[91] 刘惠珊，徐凤萍，李鹏程，等. 液化引起的地面大位移对工程的影响及研究现状 [J]. 特种结构，1997，14 (2)：47 - 50.

[92] 张建民. 地震液化后地基大变形的实用预测方法 [C]//第八届土力学及岩土工程学术会议论文集. 北京：万国学术，1999：173 - 576.

[93] ZHANG J，ZHAO J X. Empirical models for estimating liquefaction - induced lateral spread displacement [J]. Soil dynamics and earthquake engineering，2005，25 (6)：439 - 450.

[94] 郑晴晴，夏唐代，刘芳. 基于震害调查数据的液化侧向变形预测模型框架 [J]. 地震工程学报，2014，36 (3)：504 - 509.

[95] 佘跃心，刘汉龙，高玉峰. 地震诱发的侧向水平位移神经网络预测模型 [J]. 世界地震工程，2003，2003 (1)：96 - 101.

[96] WANG J，RAHMAN M S. A neural network model for liquefaction - induced horizontal ground displacement [J]. Soil dynamics and earthquake engineering，1999，18 (8)：555 - 568.

[97] BAZIAR M H，GHORBANI A. Evaluation of lateral spreading using artificial neural networks [J]. Soil dynamics and earthquake engineering，2005，25 (1)：1 - 9.

[98] GARCÍA S R，ROMO M P，BOTERO E. A neurofuzzy system to analyze liquefaction - induced lateral spread [J]. Soil dynamics and earthquake engineering，2008，28 (3)：169 - 180.

[99] JAVADI A A，REZANIA M，Nezhad M M. Evaluation of liquefaction induced lateral displacements using genetic programming [J]. Computers and geotechnics，2006，33 (4 - 5)：222 - 233.

[100] REZANIA M，FARAMARZI A，JAVADI A A. An evolutionary based approach for assessment of earthquake - induced soil liquefaction and lateral displacement [J]. Engineering applications of artificial Intelligence，2011，24 (1)：142 - 153.

[101] DAS S K，SAMUI P，KIM D，et al. Lateral Displacement of Liquefaction Induced Ground Using Least Square Support Vector Machine [J]. International journal of geotechnical earthquake engineering，2011，2 (2)：29 - 39.

[102] TANG X W，BAI X，HU J L，et al. Assessment of liquefaction - induced hazards using Bayesian network based on SPT data [J]. Natural hazard sand earth system sciences. 2018，18：1451 - 1468.

[103] 张政，胡记磊，刘华北. 基于贝叶斯网络的缓坡场地地震液化侧移评估：以台湾集集地震为例[J]. 自然灾害学报，2018，27 (6)：127－132.

[104] TOKIMATSU K，SEED H B. Evaluation of settlements in sands due to earthquake shaking [J]. Journal of geotechnical engineering，1987，113 (8)：861－878.

[105] ISHIHARA K，YOSHIMINE M. Evaluation of settlements in sand deposits following liquefaction during earthquakes [J]. Soils and foundations，1992，32 (1)：173－188.

[106] 叶斌，叶冠林，长屋淳一. 砂土地基地震液化沉降的两种简易计算方法的对比分析 [J]. 岩土工程学报，2010 (S2 vo 32)：33－36.

[107] 陈国兴，李方明. 基于 RBF 神经网络模型的砂土液化震陷预估法 [J]. 自然灾害学报，2008 (1)：180－185.

[108] CETIN K O，BILGE H T，WU J，et al. Probabilistic model for the assessment of cyclically induced reconsolidation (volumetric) settlements [J]. Journal of geotechnical and geoenvironmental engineering，2009，135 (3)：387－398.

[109] JUANG C H，CHING J，WANG L，et al. Simplified procedure for estimation of liquefaction－induced settlement and site－specific probabilistic settlement exceedance curve using cone penetration test (CPT) [J]. Canadian geotechnical journal，2013，50 (10)：1055－1066.

[110] TANG X W，BAI X，HU J L，et al. Assessment of liquefaction－induced hazards using Bayesian networks based on standard penetration test data [J]. Natural hazards and earth system sciences，2018，18 (5)：1451－1468.

[111] HU J L，TANG X W，QIU J N. Assessment of seismic liquefaction potential based on Bayesian network constructed from domain knowledge and history data [J]. Soil dynamics and earthquake engineering，2016，89：49－60.

[112] 唐小微，白旭，胡记磊. 基于贝叶斯网络的自由场地震液化沉降评估 [J]. 振动与冲击，2018，37 (18)：177－183.

[113] 王刚，张建民. 地震液化问题研究进展 [J]. 力学进展，2007 (4)：575－589.

[114] ELGAMAL A，YANG Z，PARRA E. Computational modeling of cyclic mobility and post－liquefaction site response [J]. Soil dynamics and earthquake engineering，2002，22 (4)：259－271.

[115] 庄海洋，陈国兴. 砂土液化大变形本构模型及在 ABAQUS 软件上的实现 [J]. 世界地震工程，2011，27 (2)：45－50.

[116] 邹佑学，王睿，张建民. 砂土液化大变形模型在 FLAC 3D 中的开发与应用 [J]. 岩土力学，2018，39 (4)：1525－1534.

[117] OKA F，YASHIMA A，KATO M，et al. A constitutive model for sand based on the non－linear kinematic hardening rule and its application [C] //Proc. 10th World Conf. Earthquake Engineering，Madrid. 1992，5：2529－2534.

[118] OKA F，YASHIMA A，SHIBATA T，et al. FEM－FDM coupled liquefaction analysis of a porous soil using an elasto－plastic model [J]. Applied scientific research，1994，52 (3)：209－245.

[119] MATSUO O，SHIMAZU T，UZUOKA R，et al. Numerical analysis of seismic behavior of embankments founded on liquefiable soils [J]. Soils and foundations，2000，40 (2)：21－39.

[120] 吴俊贤，倪至宽，高汉榇. 土石坝的动态反应：离心机模型试验与数值模拟 [J]. 岩石力学与工程学报，2007 (1)：1－14.

[121] HU J，CHEN Q，LIU H. Relationship between earthquake－induced uplift of rectangular underground structures and the excess pore water pressure ratio in saturated sandy soils [J]. Tunnelling and underground space technology，2018，79：35－51.

［122］ LU C－W，CHU M－C，GE L，et al. Estimation of settlement after soil liquefaction for structures built on shallow foundations ［J］. Soild dynamics and earthquake engineering，2020，129：105916.
［123］ 王禹，高广运，顾晓强，等. 渗透系数对砂土液化震陷影响的数值研究 ［J］. 岩土力学，2017，38（6）：1813－1818，1826.
［124］ KARIMI Z，DASHTI S，BULLOCK Z，et al. Key predictors of structure settlement on liquefiable ground：a numerical parametric study ［J］. Soil dynamics and earthquake engineering，2018，113：286－308.
［125］ MOSS R E S，CROSARIOL V A. Scale model shake table testing of an underground tunnel cross section in soft clay ［J］. Earthquake spectra，2013，29（4）：1413－1440.
［126］ ASCE. Earthquake Damage Evaluation Design considerations for underground structures ［J］. 1974.
［127］ JSCE. Earthquake resistant design for civil engineering structures in Japan ［J］. 1988.
［128］ HASHASH Y M A，HOOK J J，SCHMIDT B，et al. Seismic design and analysis of underground structures ［J］. Tunnelling and underground space technology，2001，16（4）：247－293.
［129］ KONTOGIANNI V A，STIROS S C. Earthquakes and seismic faulting：effects on tunnels ［J］. Turkish journal of earth sciences，2003，12（1）：153－156.
［130］ POWER M，ROSIDI D，KANESHIRO J，et al. Summary and evaluation of procedures for the seismic design of tunnels ［J］. Final report for task，1998.
［131］ ANDERSON J G，BODIN P，BRUNE J N，et al. Strong ground motion from the Michoacan，Mexico，earthquake ［J］. Science，1986，233（4768）：1043－1049.
［132］ SINGH S K，MENA E，CASTRO R. Some aspects of source characteristics of the 19 September 1985 Michoacan earthquake and ground motion amplification in and near Mexico City from strong motion data ［J］. Bulletin of the seismological society of america，1988，78（2）：451－477.
［133］ YOSHIDA N，NAKAMURA S. Damage to Daikai subway station during the 1995 Hyogoken－Nunbu earthquake and its investigation ［C］. Proceedings of eleventh world conference on earthquake engineering. 1996，2151：283－300.
［134］ IIDA H，HIROTO T，YOSHIDA N，et al. Damage to Daikai subway station ［J］. Soils and foundations，1996，36（Special）：283－300.
［135］ HUO H，BOBET A，FERNÁNDEZ G，et al. Load transfer mechanisms between underground structure and surrounding ground：evaluation of the failure of the Daikai station ［J］. Journal of geotechnical and geoenvironmental engineering，2005，131（12）：1522－1533.
［136］ KIEFFER D S，JIBSON R，RATHJE E M，et al. Landslides triggered by the 2004 Niigata Ken Chuetsu，Japan，earthquake ［J］. Earthquake spectra，2006，22（S1）：47－73.
［137］ SCAWTHORN C，MIYAJIMA M，ONO Y，et al. Lifeline aspects of the 2004 Niigata ken Chuetsu，Japan，earthquake ［J］. Earthquake spectra，2006，22（S1）：89－110.
［138］ 林刚，罗世培，倪娟. 地铁结构地震破坏及处理措施 ［J］. 现代隧道技术，2009（4）：36－41.
［139］ CHOI J S. Nonlinear earthquake response analysis of 2－D underground structures with soil－structure interaction including separation and sliding at interface ［M］. New York：Columbia University，2002.
［140］ HUO H，BOBET A，FERNÁNDEZ G，et al. Load transfer mechanisms between underground structure and surrounding ground：evaluation of the failure of the Daikai station ［J］. Journal of geotechnical and geoenvironmental engineering，2005，131（12）：1522－1533.
［141］ MAHMOOD M N，AHMED S Y. Nonlinear dynamic analysis of reinforced concrete framed structures including soil－structure interaction effects ［J］. Tikrit journal of engineering sciences，

2006，13 (3)：1-33.

[142] ABATE G，MASSIMINO M R，MAUGERI M. Numerical modelling of centrifuge tests on tunnel-soil systems [J]. Bulletin of earthquake engineering，2015，13 (7)：1927-1951.

[143] 曹炳政，罗奇峰，马硕，等. 神户大开地铁车站的地震反应分析 [J]. 地震工程与工程振动，2002，22 (4)：102-107.

[144] LIU H，SONG E. Seismic response of large underground structures in liquefiable soils subjected to horizontal and vertical earthquake excitations [J]. Computers and geotechnics，2005，32：223-244.

[145] 庄海洋，陈国兴，杜修力，等. 液化大变形条件下地铁车站结构动力反应大型振动台试验研究 [J]. 地震工程与工程振动，2007，27 (4)：94-97.

[146] 陈国兴，左熹，庄海洋，等. 地铁车站结构大型振动台试验与数值模拟的比较研究 [J]. 地震工程与工程振动，2008，28 (1)：157-164.

[147] ZHUANG H Y，HU Z H，WANG X J，et al. Seismic responses of a large underground structure in liquefied soils by FEM numerical modelling [J]. Bulletin of earthquake engineering，2015，13 (12)：3645-3668.

[148] BAO X H，XIA Z F，Ye G L，et al. Numerical analysis on the seismic behavior of a large metro subway tunnel in liquefiable ground [J]. Tunnelling and underground space technology，2017，66：91-106.

[149] SATOH M，HAMADA M，ISOYAMA R，et al. A procedure to assess the stability of buried structures against liquefaction-induced ground deformations [C]. 3rd International Conference on Recent Advances in Geotechnical Earthquake Engineering and Soil Dynamics，University of Missouri，Rolla，1995.

[150] 郑刚，杨鹏博，周海祚，等. 可液化地层中矩形隧道的上浮响应分析 [J]. 土木工程学报，2019，52 (1)：257-264.

[151] ZHENG G，ZHANG W B，ZHANG W G，et al. Neural network and support vector machine models for the prediction of the liquefaction-induced uplift displacement of tunnels [J]. Underground space，2021，6 (2)：126-133.

第 2 章

基于贝叶斯理论的自适应套索逻辑回归地震液化风险判别

已有的地震液化触发判别机器学习模型很多，但大多数没有显式表达公式，不方便工程师直接使用。此外，现有的逻辑回归液化判别模型未考虑土质类别对模型预测精度的影响，也未考虑模型不确定性的影响[1-9]。因此，本节首先将自适应套索（least absolute shrinkage and selection operator，LASSO）引入贝叶斯逻辑回归砂土液化判别模型中，并在引入了新变量土壤分类指数 I_c（可以表征土质类别）的基础上，对震级、震中距、地震持续时间、地震峰值加速度、细粒含量、平均粒径、有效覆土应力、地下水位、地下水埋深、修正锥尖阻值、侧壁摩阻值、覆土应力和土壤分类指数这 13 个影响因素进行分析，在模型液化预测的同时，提炼出相对重要的液化影响因素。然后与相同数据库建立的逻辑回归模型、6 种考虑其他常用因素的逻辑回归模型和 3 种液化判别简化方法进行对比，验证了提出的贝叶斯自适应 LASSO 逻辑回归模型的性能。最后，也验证了建立贝叶斯自适应 LASSO 逻辑回归液化判别模型时考虑 I_c 的重要性，探讨了算法参数和先验分布的不同对贝叶斯逻辑回归液化预测模型的影响，以及贝叶斯逻辑回归液化判别模型参数的不确定性及其对预测结果的影响。

2.1 逻辑回归简介

2.1.1 逻辑回归基本原理

回归分析是统计分析方法中的一个重要分支，是探索两种或两种以上变量之间定量关系的有力工具，被广泛用于自然科学、社会科学、管理科学和经济学中[5]。逻辑回归是其中一种常见的分类模型，属于非线性回归，研究因变量为二项分类或多项分类结果与某些因素之间关系的一种多重回归分析方法。在 1838 年，比利时数学家 Verhulst 首次提出逻辑函数一词，Cramer 教授系统性地回顾了逻辑回归的起源[10]。目前，逻辑回归分析方法广泛应用，在医学、生物学和社会学等许多研究领域[5]。

逻辑回归是一种广义的线性回归，可以视为线性回归的拓展。它们的基本推导思想基本相同，即试图构造一个线性模型来解释因变量，但其两者的主要区别在于因变量形式的不同。多元线性回归分析的基本要求是因变量必须是某一区间尺度上的连续变量；而逻辑回归分析的因变量可以是事件发生的概率，也可以是一个分类变量。在实际研究过程中，需要解决的问题往往属于分类变量事件，如地震液化触发判别，逻辑回归方法非常适合解决这类问题。

逻辑回归（logistic regression，LR）[5] 是研究中最常用的统计方法之一。该算法将线性回归模型融入到逻辑函数中，将数据拟合到一个 logistic 函数中，从而能够对事件发生的概率进行预测。常用的激活函数是 Sigmoid 函数，表达式如下：

$$y=\frac{1}{1+e^{-x}} \tag{2.1}$$

从图 2.1 可以看出 Sigmoid 函数是一个呈 S 形的曲线，模型的值域控制在 0～1，在远离 0 的地方会很快接近 0 或 1，这正好将回归模型中较大输出范围值映射到了一个（0，1）的概率范围。当 x 为 0 时，函数值为 0.5，为二分类问题的分界点，从而完成概率预测。最后得出逻辑回归表达式具有公式直观、可解释性强、使用方便的优点。逻辑回归方法的原理如下：

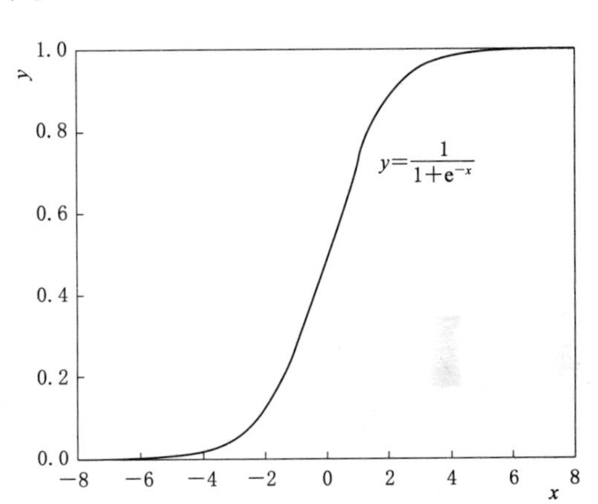

图 2.1 Sigmoid 函数曲线图

$$P(\boldsymbol{X}_i)=\frac{\exp(\boldsymbol{X}_i^{\mathrm{T}}\beta)}{1+\exp(\boldsymbol{X}_i^{\mathrm{T}}\beta)} \tag{2.2}$$

其中
$$\boldsymbol{\beta}=(\beta_1,\beta_2,\cdots,\beta_p)^{\mathrm{T}}$$
$$\boldsymbol{X}_i=[x_1,x_2\cdots,x_n]$$

式中 $P(\boldsymbol{X}_i)$——概率函数；

$\boldsymbol{\beta}$——模型回归系数矩阵；

$\boldsymbol{X}_i$——自变量矩阵。

为了满足 $0<Q(\boldsymbol{X}_i)<1$，$P(\boldsymbol{X}_i)$ 转化为 $Q(\boldsymbol{X}_i)$，$Q(\boldsymbol{X}_i)$ 在（$-\infty$，$+\infty$）单调变化。

$$Q(\boldsymbol{X}_i)=\ln\frac{P(\boldsymbol{X}_i)}{1-P(\boldsymbol{X}_i)}=\beta_1x_1+\beta_2x_2+\cdots+\beta_nx_n \tag{2.3}$$

由最大概率原则确定回归模型系数 β，关联 X 和 β 的概率函数为

$$F_z=P(\boldsymbol{X}_i)^{Z_i}[1-P(\boldsymbol{X}_i)^{Z_i}]^{1-Z_i}=\exp\left[Z_i\log\frac{P(\boldsymbol{X}_i)}{1-P(\boldsymbol{X}_i)}\right]+\log[1-P(\boldsymbol{X}_i)] \tag{2.4}$$

式中 F_z——$\boldsymbol{X}_i$ 和 β 的概率函数；

Z_i——指示符号，当场地发生液化时，$Z_i=1$；当场地未发生液化时，$Z_i=0$。

理论上，β 的最优值在概率函数的极值点上，即概率函数对每个系数的一阶导数等于 0。

2.1.2 参数估计与模型检验

回归参数表示在回归模型中自变量对因变量影响的大小，回归系数越大，表示影响程度越大。在逻辑回归中，取某事件发生的概率与未发生的概率之比，称为优势比（odds ratio)，可以用来比较两个变量之间的相关性和相互影响。每个自变量的优势比表示了当该变量的值增加一个单位时，因变量的概率变化的倍数。逻辑回归的主要目的是寻找一个非线性函数 Sigmoid 的最佳拟合参数，但无法直接计算参数的似然估计。因为 Sigmoid 函数是非凸的，也就是说它有多个局部最优解，但只有一个全局最优解，所以必须使用其他方法来进行参数估计，如拟牛顿法、梯度下降法等。

回归模型检验是假设检验中自变量参数对预测结果的影响是否符合统计学意义。当观测的事件中回归模型含有一个影响因子时，可对模型中的回归系数进行检验假设：回归模型的参数系数的常用检验方法有似然比检验和卡方统计量两种。在计算过程中采用卡方统计量检验方法时，若卡方值大于或等于临界参考值时，即拒绝 H_0 假设，认为自变量参数与因变量参数是显著相关的，从而确定了逻辑回归模型中自变量参数的系数，并对模型与观测数据之间的拟合度进行评价。若所建立的回归模型的预测值与观测值一致性较高，说明该模型能够拟合数据，具有较高的可行性。常用的检验方法有 Hosmer - Lemeshow 统计量、Pearson 统计量等。

2.2　贝叶斯理论简介

2.2.1　贝叶斯公式

贝叶斯推断严格来说不是一种特定的机器学习模型，而是一种统计思维模式[5]。贝叶斯法则是指概率统计中应用所观察到的现象对有关概率分布的主观判断（先验概率）进行修正的标准方法。其计算公式如下：

$$f(X,\theta)=f(X|\theta)\pi(\theta)=\pi(\theta|X)f(X) \tag{2.5}$$

整理可得

$$\pi(X|\theta)=\frac{f(X,\theta)}{f(X)}=\frac{f(X|\theta)}{f(X)} \tag{2.6}$$

贝叶斯定理被认为是贝叶斯统计学方法系统中非常重要的组成部分，可以把贝斯公式修改为

$$\pi(\theta|X)\propto f(X|\theta)\pi(\theta) \tag{2.7}$$

因此，式（2.5）就转化为贝叶斯理论的另一个简明的表达方式。其中，在对样本 X 进行随机抽样之后，那么 $f(X,\ \theta)$ 就是未知参数 θ 的函数，称为似然函数，即

$$L(X|\theta)=f(X|\theta) \tag{2.8}$$

其中，相关参数的后验分布函数与似然函数及先验分布函数的乘积呈正相关关系。参数 θ 的后验密度函数包含了全部提取的有效先验样本信息。

2.2.2　先验分布和后验分布

贝叶斯理论可以把任何一个参数看作为一个随机变量，且通过概率分布方法来准确地描述一个未知的事件。而先验分布就是描述这种抽样前的概率的简单性质和概率表征，与测量的最后结果无关，主要是从客观判断以及历史数据中获得。为了便于贝叶斯推理和计算，通常采用具有清晰概率密度函数的分布，如正态分布、柯西分布和自由度为 7 的学生

t 分布等。三种分布的密度函数如下所示：

$$f(x|\mu_N,\sigma_N)=\frac{1}{\sqrt{2\pi\sigma_N}}\exp\left[-\frac{(x-\mu_N)^2}{2\sigma_N^2}\right] \tag{2.9}$$

$$f(x|\mu_c,\sigma_c)=\frac{1}{\pi\sigma_c\left[1+\left(\frac{x-\mu_c}{\sigma_c}\right)^2\right]} \tag{2.10}$$

$$f(x|\mu_t,\sigma_t)=\frac{\Gamma(4)}{\Gamma(3.5)}\left(\frac{1}{\sqrt{7\pi\sigma}}\right)^{0.5}\left[1+\frac{(x-\mu_t)^2}{7\sigma_t^2}\right]^{-4} \tag{2.11}$$

式中　μ_N，σ_N，μ_c，$\sigma_c\mu_t$，σ_t——三个分布的超参数；

$\Gamma(x)$——gamma 函数。

在贝叶斯理论中，后验分布 $\pi(\theta|X)$ 表示不断地使用训练数据 x_1，x_2，…，x_n 更新模型的参数分布。数据用于更新参数的分布，而不是作为参数极大似然估计的组成部分。首先得到参数的先验分布 $\pi(\theta)$，然后再采用数据 $f(X|\theta)$ 更新 θ 的分布。其实更新的过程，就是不断地利用训练数据得到 θ 分布，即 $\pi(\theta|X)=\pi(\theta|x_1, x_2, \cdots, x_n)$。

例如，需要计算给定数据后 $\theta=0.5$ 的后验概率密度，利用式（2.6）可以得出：

$$\pi(\theta=0.5|X)\propto f(X|\theta=0.5)\pi(\theta=0.5) \tag{2.12}$$

只需要对 $f(X|\theta=0.5)\pi(\theta=0.5)$ 进行处理，使得 $\pi(\theta=0.5|X)$ 曲线下的面积为 1，就可以得出 $\theta=0.5$ 的后验分布概率密度函数。

一般而言，先验分布就是反映了抽样前对个体的认识，后验分布反映了人们对抽样后的认知，因此后验分布也可以当是先验分布随抽样信息变化而进行的调整。由于实际情况下的后验分布比较复杂，难以准确计算出后验概率密度函数。为了更好地获取模型中各个参数的估计值，需要对后验概率密度进行抽样，这是贝叶斯推断的关键部分。常用的抽样方法有重要性抽样法、蒙特卡罗方法、马尔科夫蒙特卡罗方法等。下一节将重点介绍马尔科夫蒙特卡罗法。

2.2.3 马尔科夫蒙特卡罗抽样

马尔科夫链蒙特卡罗方法（Markov Chain Monte Carlo，MCMC）简称马尔科夫蒙特卡罗法，其原理是使用马尔科夫链进行了蒙特卡罗积分[11]，为每个待求参数变量构造一个马尔科夫链，使得该马尔科夫链的平稳分布为目标分布，即待估参数的后验分布，最后对达到平稳状况的马尔科夫链的样本进行蒙特卡罗积分。根据贝叶斯估计可将待估参数的后验分布表示为如下形式：

$$\hat{\theta}=\int\theta\pi(\theta\mid x)\mathrm{d}\theta \tag{2.13}$$

更一般地，对于参数的函数的贝叶斯估计：

$$g(\hat{\theta})=\frac{\int g(\theta)\pi(\theta)f(x\mid\theta)\mathrm{d}\theta}{\int\pi(\theta)f(x\mid\theta)\mathrm{d}\theta} \tag{2.14}$$

在二次损失函数估计下，上述公式可表示为

$$g(\hat{\theta})=\int g(\theta)\pi(\theta)f(x \mid \theta)\mathrm{d}\theta \tag{2.15}$$

即 $g(\theta)$ 的后验均值 $E[g(\theta)|x]$。显然，可以通过以下的平均数来进行近似求解：

$$\overline{g}=\frac{1}{m}\sum_{i=1}^{m}g(\theta^{i}) \tag{2.16}$$

其中 $\theta^{i}=(\theta^{0},\ \theta^{1},\ \theta^{2},\ \cdots)$ 为来自后验分布 $\pi(\theta|x)$ 的样本，如果这些样本相互独立，根据大数定律，样本的平均值将收敛到 $E[g(\theta)|x]$。

目前，马尔科夫蒙特卡罗方法已成为应用十分普遍且受到欢迎的后验分布近似推断方法。Metropolis - Hastings 和 Gibbs 抽样是贝叶斯分析常用的两种 MCMC 方法。

2.2.4　贝叶斯推断

贝叶斯推断是贝叶斯定理的应用。假设 x 是数据点，可以是一个值，也可以是一个向量；θ 为数据样本分布的参数，$X \sim P(X|\theta)$，其中 X 是观察的一组数据集，$\pi(\theta)$ 为参数的先验分布，则后验分布可以表示为

$$\pi(\theta|X)=\frac{\pi(\theta)P(X|\theta)}{P(X)}\propto\pi(\theta)P(X|\theta) \tag{2.17}$$

其有以下几个特征：

（1）未知参数是随机分布的。与传统频率派认为的参数是固定不同，贝叶斯学派认为参数本身是随机分布的。

（2）参数可能有不同的分布。每个参数都是独立的，可以用不同的概率分布来描述。

（3）分布的均值即是参数的推断值。贝叶斯推断往往从似然函数和先验分布得出后验分布，后验分布的均值或者中位数被视作该参数的推断。

贝叶斯推断分析算法在实际中已经有许多运用，例如广义线性模型、分层贝叶斯模型，也可以与机器学习算法相结合。其中，贝叶斯推断在广义线性模型中是运用最广泛的，本书将介绍贝叶斯推断方法在逻辑回归中的应用。

2.3　贝叶斯逻辑回归方法及程序实现

2.3.1　贝叶斯逻辑回归公式

贝叶斯逻辑回归分类预测模型是以逻辑回归模型为基础，结合观察数据，利用贝叶斯推断方法，对模型回归系数及截距进行估计的一种判别模型。为求解模型的截距 β_0 和自变量的回归系数 β_i，我们使用上文提及的贝叶斯推断方法，求解其后验。设样本 x_i 为第 i 个样本数据，Y_i 为第 i 个样本的分类情况，取 0 或 1。且各样本互相独立，则可以认为 Y_i 服从二项分布，记为

$$Y_i \sim Binomial(\theta_i)$$

即

$$Q(X_i)=\ln\left[\frac{P(X_i)}{1-P(X_i)}\right]=\beta_1x_1+\beta_2x_2+\cdots+\beta_nx_n \tag{2.18}$$

对截距β_0和自变量的回归系数β_i选取先验分布$\pi(\beta_i)$，$i=0$，1，2，…，β_n，如$\beta_i\sim$(0，10)，则后验表达式为

$$\pi(\beta_0,\beta_1,\cdots,\beta_n|data)\propto\pi(\beta_0,\beta_1,\cdots,\beta_n)L(data|\beta_0,\beta_1,\beta_2,\beta_3,\cdots,\beta_n) \tag{2.19}$$

其中，$L(data|\beta_0,\beta_1,\beta_2,\beta_3,\cdots,\beta_n)$为似然函数，表达式如下：

$$L(data \mid \beta_0,\beta_1,\beta_2,\beta_3,\cdots,\beta_n)=\prod_{i=1}^{n}\left(\frac{1}{1+\mathrm{e}^{-(\beta_0+\beta_1x_1+\cdots+\beta_nx_n)}}\right)^{y_i}\left(\frac{1}{1+\mathrm{e}^{(\beta_0+\beta_1x_1+\cdots+\beta_nx_n)}}\right)^{(1-y_i)} \tag{2.20}$$

本书将使用MCMC方法，求解参数后验$\pi(\beta_0,\beta_1,\cdots,\beta_n|data)$，并使用后验均值作为$\beta_0$，$\beta_1$，…，$\beta_n$推断值。

2.3.2 程序实现

实现贝叶斯逻辑回归模型的程序步骤如下：

```
输入：样本数据
调参：调整模型参数
输出：经过贝叶斯逻辑回归模型的预测及其决策函数
1. 逻辑回归概率函数：
logistic=1/(1+np.exp(-z))
2. 损失函数：
def cost_function (X, y, theta):
    hx=sigmoid (X@theta)
    cost=-np.sum(y*np.log(hx)+(1-y)*np.log(1-hx))/len(X)
def gradient_descent (X, y, theta, alpha, iters):
    costs= []
    for i in range (iters):
        hx=sigmoid (X@theta)
        theta=theta-(alpha/len(X))  * X.T @ (hx - y)
        cost=cost_function (X, y, theta)
    costs.append (cost)
3. 插入模块
4. 设定模型参数
5. 输出模型预测结果
```

首先，将Excel样本通过Pandas模块输入；其次，定义逻辑回归损失函数、设置梯度下降方式、算法参数等；最后，输出模型预测结果，确定决策边界函数。

2.4 自适应算法引入

LASSO算法是在非负参数推断法的基础上形成的[12]。该方法将部分回归系数稀疏为0，即牺牲了部分偏差值，从而增加了预测的准确性。其参数估计被定义如下：

$$\beta_{\mathrm{LASSO}}=\mathrm{arg\_min}^2\left\|Y-\sum_{j=1}^{p}X_{ij}\beta_j\right\|^2+\lambda\sum_{j=1}^{p}|\beta_j| \tag{2.21}$$

式中　λ——正则化非负参数；

β——回归系数；

$X_{ij}=(X_{1j},X_{2j},\cdots,X_{nj})^T$——预测变量或自变量，$i=1,2,\cdots,n$，$j=1,2,\cdots,p$；

$Y=(Y_1,Y_2,\cdots,Y_n)^T$——响应变量或因变量。

在式（2.21）中，当 λ 逐渐增加时，LASSO 模型能让系数趋于 0，当 λ 趋于 ∞ 时，系数几乎趋于 0。而自适应 LASSO 是针对 LASSO 对所有的系数惩罚相同而导致的不合理性等问题提出改进的。其原理是在惩罚项上加不同的权重，其表达式如下：

$$\hat{\beta}_{\text{A-LASSO}}=\arg\_\min^2\left\|Y-\sum_{j=1}^{p}X_{ij}\beta_j\right\|^2+\lambda\sum_{j=1}^{p}\hat{\omega}_j\mid\beta_j\mid \tag{2.22}$$

式（2.22）中，$\hat{\omega}_j=\dfrac{1}{\mid\hat{\beta}_j\mid}$，$j=1,2,\cdots,p$，其中 $\hat{\beta}=(\hat{\beta}_1,\hat{\beta}_2,\cdots,\hat{\beta}_p)^T$ 为普通最小二乘法所得的系数估值。其权重表达式如下：

$$\hat{\omega}=(\hat{\omega}_1,\hat{\omega}_2,\cdots,\hat{\omega}_p)^T=\left(\frac{1}{|\hat{\beta}_1|},\frac{1}{|\hat{\beta}_2|},\cdots,\frac{1}{|\hat{\beta}_p|}\right) \tag{2.23}$$

2.5　基于贝叶斯自适应套索逻辑回归液化判别模型构建

2.5.1　地震液化数据库收集

砂土液化受到地震特性、场地条件和土体特性等众多因素影响[13]。静力触探试验（CPT）作为主要的原位测试技术，具有快速方便、数据连续、可靠性高等优点，被广泛用于土壤液化判别[7]。本书共收集了 533 组地震液化案例，构成本章液化判别的数据库，其中液化案例 360 组，未液化案例 173 组。数据来源于 1999 年中国台湾集集地震（$M_w=7.6$）、1999 年土耳其科贾埃利地震（$M_w=7.4$）、1976 年中国唐山地震（$M_w=7.8$）、1989 年美国洛马普雷塔地震（$M_w=6.9$）及 2010 年新西兰基督城地震（$M_w=7.1$）[14-16]，见表 2.1。

表 2.1　地震液化数据中影响因素的统计信息

液化影响因素	符号及单位	样本值区间	均值	标准差	中位数
震级	M_w	6.9～9	6.88	0.52	6.93
震中距	r/km	1.5～370.22	36.00	44.65	27.50
地震持时	T/s	2.5～64.8	17.21	10.77	14.00
峰值加速度	PGA/g	0.02～0.84	0.31	0.145	0.28
细粒含量	FC/%	0～95	20.99	22.35	13.00
平均粒径	D_{50}/mm	0～13.0	0.30	0.99	0.19
有效覆土应力	σ'/kPa	14.1～150.3	62.25	26.38	56.00
地下水位	D_w/m	0.1～7.2	2.15	1.25	1.90

续表

液化影响因素	符号及单位	样本值区间	均值	标准差	中位数
埋深	D_s/m	1.38～16.5	4.90	2.21	4.50
修正尖端阻值	q_{c1N}/kPa	0.042～3.21	0.714	0.44	0.63
侧壁摩阻值	f_s/kPa	0.01～768	45.04	54.36	30.00
覆土应力	σ/kPa	0.53～305.3	87.39	43.21	81.00
土壤分类指数	I_c	1.164～3.335	2.04	0.36	2.01

地震液化数据库包括了震级 M_w、震中距 r、地震持续时间 t、峰值加速度 PGA、细粒含量 FC、平均粒径 D_{50}、有效覆土应力 σ'、地下水位 D_w、埋深 D_s、修正的锥尖阻值 q_{c1N}、侧壁摩阻值 f_s、覆土应力 σ 和土壤分类指数 I_c 这 13 个影响因素。将这些因素作为判别模型的输入变量，液化触发（是或否）作为输出变量。表 2.1 给出了这些影响因素的具体统计信息范围，只有埋深的取值没有大于 20m，各因素的取值范围分布广泛，有利于构建预测性能较好的模型。

在这些输入变量中，震级 M_w、震中距 r、地震持续时间 t 和峰值加速度 PGA 代表着地震特性对液化的影响，当 M_w、t 和 PGA 越大时，发生液化的可能性越大，而随着 r 的增加，发生液化的可能性逐渐降低。与场地条件相关的影响因素为地下水位 D_w、埋深 D_s、有效覆土应力 σ' 和覆土应力 σ，这些变量的取值越大，土层越难发生液化。土体特性包含细粒含量 FC、平均粒径 D_{50}、修正的锥尖阻值 q_{c1N}、侧壁摩阻值 f_s 和土壤分类指数 I_c。同样，除细粒含量外，这些土体特性变量的取值越大，土层越难发生液化。其中，I_c 是 Jefferies 等[22] 在 1986 年 Robertson 土类划分图的基础上提出来的土质分类指标。该指标除了考虑 Robertson 土类划分方法中的摩阻比 F 和锥尖阻力 Q，还考虑了孔压参数比 B_q，计算公式如下：

$$I_c=\sqrt{\{3-\lg[Q_t(1-B_q)]\}^2+(1.5+1.3\lg F_t)^2} \tag{2.24}$$

式中 F_t——归一化摩阻比；

Q_t——归一化锥尖阻力。

2.5.2 K 折交叉验证方法

根据上一节收集的 533 组液化数据，简单地将数据划分成 70％训练集与 30％测试集，可能由于数据集不合理地划分，模型的训练精度和测试精度都偏低，并且所得到的模型不确定性会偏高。常用的数据划分方法有随机划分法、留一法、K 折交叉验证法等。

(1) 随机划分法，随机抽取一定部分的数据作为训练集，剩余数据作为测试集，此方法的缺点是存在较强的随机性。

(2) 留一法，将数据分为 N 组，每次取 $N-1$ 组数据作为训练集，剩余的 1 组数据充当测试集，如此重复 N 次，将 N 次测试结果作为模型评价的标准，但该方法只适用于数据量小的情况。

(3) K 折交叉验证，将数据均匀划分为 K 份，取一份用作为测试集，另外 $K-1$ 份作为训练集，做 K 次训练，得到 K 个数据评估指标，最后取评估指标的平均值作为最终评价指标。

综上所述，随机划分法易导致模型结果不稳定，留一法仅适用样本总量小的训练。因此，本节考虑使用 5 折交叉验证数据划分方法，其示意图如图 2.2 所示。在有效地利用整体数据的基础上，还综合考虑数据样本量对模型的影响，并合理地评估模型性能。

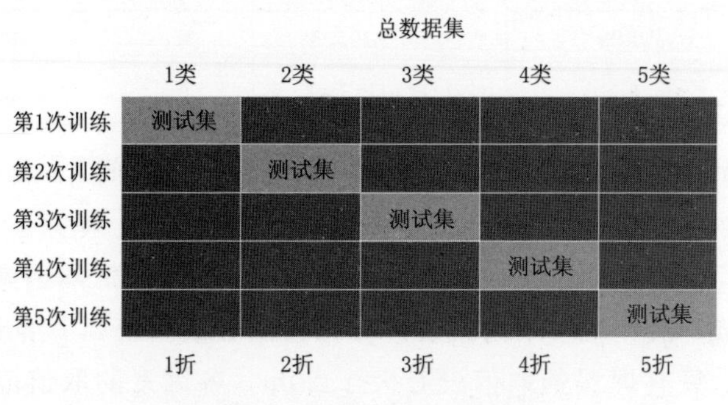

图 2.2 5 折交叉验证示意图

2.5.3 分类模型的性能评价指标

模型性能的评估指标中最常用的是总体精度 ACC，它表示分类正确的样本量占样本总量的比例，反映了模型的整体预测性能。实际数据中可能会存在样本分类不均衡和抽样偏差的问题，会影响模型训练和预测的结果[5]。因此，只采用 ACC 来评估模型性能不合理。此外，作为信息检索分类中常用的两个指标，准确率 Pre 和召回率 Rec 被用来反映模型预测时某一分类中预测正确的概率，其中准确率也称查准率，表示模型预测正确的某一类样本量占模型预测为该类样本的总数的比例，召回率也称查全率，是模型预测正确的某一类样本量占该类真实样本量的比例。在地震液化预测中，理想情况下是模型的准确率和召回率都高，既能完美地区分哪些是液化样本，哪些是未液化样本，又能做出完全准确的预测，但是 Pre 和 Rec 是相互制约的，一般情况下准确率高时，召回率就相对较低，因此需要找到一个融合准确率和召回率的指标。F_1 就是一个准确率和召回率的平均调和指标，用来综合反映模型的分类预测效果。当 F_1 较高时，说明准确率和召回率都相对较高，则模型的预测效果很好[5]。ACC、Rec、Pre 和 F_1 值四个模型性能评价指标的计算公式如下：

$$ACC=\frac{TP+TN}{AP+AN} \tag{2.25}$$

$$Rec=\frac{TP}{AP}\text{或}\,Rec=\frac{TN}{AN} \tag{2.26}$$

$$Pre=\frac{TP}{PP}\text{或}\,Pre=\frac{TP}{PN} \tag{2.27}$$

$$F_1=\frac{2Pre\cdot Rec}{Pre+Rec} \tag{2.28}$$

式中 TP——预测正（液化样本）中预测正确的样本数；

TN——预测负（液化未发生的样本）中预测正确的样本数；

PP——预测为正的样本数；

PN——预测为负的样本数；

AP——实际正样本数；

AN——实际负样本总数。

2.5.4 液化判别模型的构建

1. 数据划分

分层抽样是指将总样本数据划分为若干个样本层，再从各样本层按一定比例随机抽样，以保证所抽取的样本具有足够的代表性。通过分层抽样可以减少样本重叠信息从而降低信息损失。还可以降低样本点信息的不确定性，提高样本对总体的代表性[17]。故本书在5折交叉试验中，首先以分层抽样的方式将数据分成5折，轮流将其中4折数据作为训练数据，剩余的一折为测试数据，重复试验5次，最后结果取平均值为评判依据。所有模型均采用同一训练数据集和测试数据集分别进行模型学习和性能测试。

2. 参数选取

地震液化是一个高度非线性的复杂问题，包含了众多影响因素，如果考虑所有的因素，会导致模型的复杂度偏高，甚至出现判别精度反而不高的可能。因此，本节通过已有研究结论选取了震级、震中距、地震持续时间、地震峰值加速度、细粒含量、平均粒径、有效覆土应力、地下水位、地下水埋深、修正尖端阻值、侧壁摩阻值、覆土应力以及土壤分类指数这13个液化影响因素。其中，以往研究并未考虑土壤分类指数。因此，为了验证土壤分类指数对液化影响的重要性，土壤分类指数也被考虑在这些重要因素中。在模型构建过程中，依据自适应LASSO原理，对照13个影响因素进行综合分析，筛选出地震峰值加速度、细粒含量、地下水位、修正尖端阻值、侧壁摩阻值、土壤分类指数这6个变量为液化判别的重要影响因素。

3. 模型的初始参数确定

在将数据以Z-score标准化处理的基础上，约束系数λ的范围设定为（0.001～1），并将最优约束系数λ的获取采用网格搜索技术进行训练。为了不影响后验分布，假设了非信息先验。借用PYMC3包运行12000次无回转采样（No-U-turn sampler，NUTs）抽样迭代，舍弃最初的7000次以适应老化期，剩下的5000次迭代用于评估收敛性。

4. 模型的显示表达

根据以上步骤可以建立贝叶斯自适应LASSO逻辑回归液化判别模型。首先进行数据标准化处理，利用Python软件以自适应LASSO先选出重要影响因素。然后，再以贝叶斯推理对逻辑回归进行参数求解，建立液化概率模型表达为

$$\ln\left[\frac{P(X_i)}{1-P(X_i)}\right]=1.26+1.87\mathrm{PGA}-0.49FC-0.58D_{50}-2.83q_{\mathrm{c1}N}-0.33f_{\mathrm{s}}-1.42I_{\mathrm{c}} \tag{2.29}$$

2.6　模型预测结果分析及与其他模型的性能对比

2.6.1　模型的训练与预测结果分析

对贝叶斯自适应 LASSO 逻辑回归模型的系数进行贝叶斯估计，以统计的方式对系数进行寻优，从而得到截距和各个回归系数的取值区间。同时为了验证回归系数是否是具有良好的收敛性，给出了五次交叉试验的截距和各个回归系数的边缘后验分布的直方图和按顺序绘制的 MCMC 链采样值的趋势图，如图 2.3～图 2.7 所示。图中 alpha 代表截距，beta 代表回归系数，其中 beta［0］～beta［5］分别表示 PGA、FC、D_{50}、q_{c1N}，f_s 和 I_c 的系数。

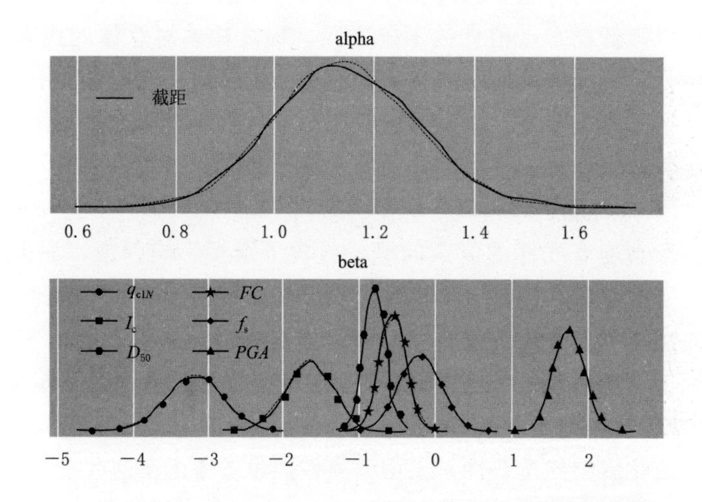

图 2.3　第 1 折边缘后验分布和 MCMC 链采样趋势图

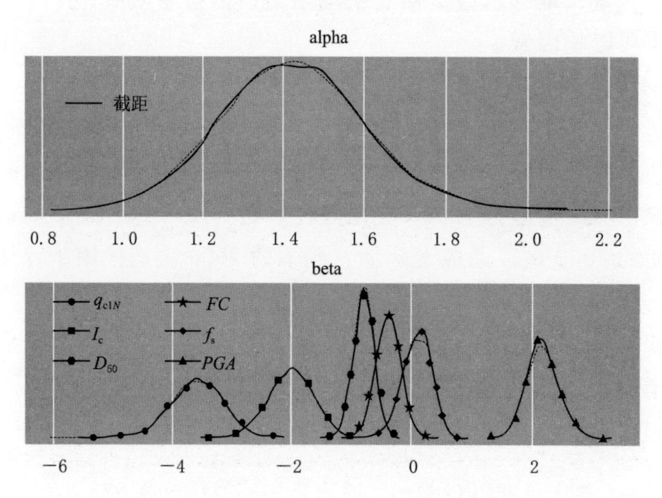

图 2.4　第 2 折边缘后验分布和 MCMC 链采样趋势图

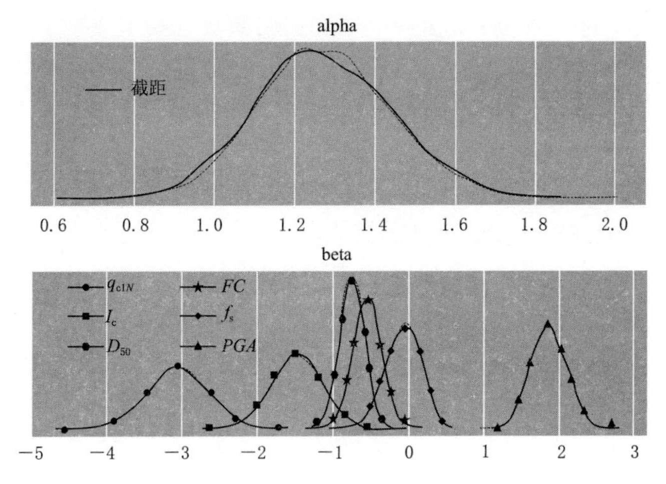

图 2.5 第 3 折边缘后验分布和 MCMC 链采样趋势图

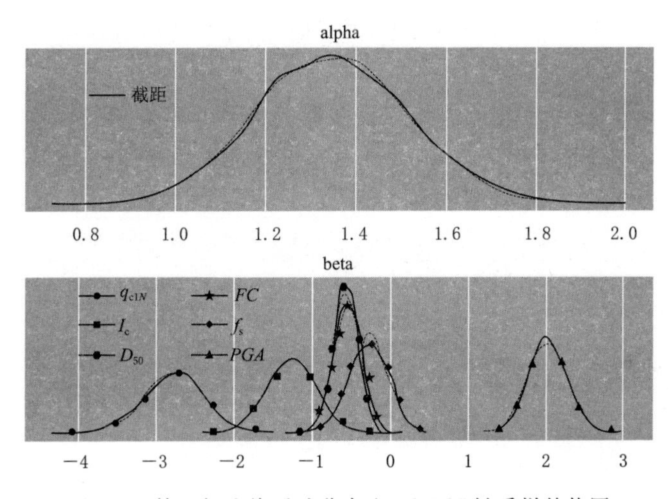

图 2.6 第 4 折边缘后验分布和 MCMC 链采样趋势图

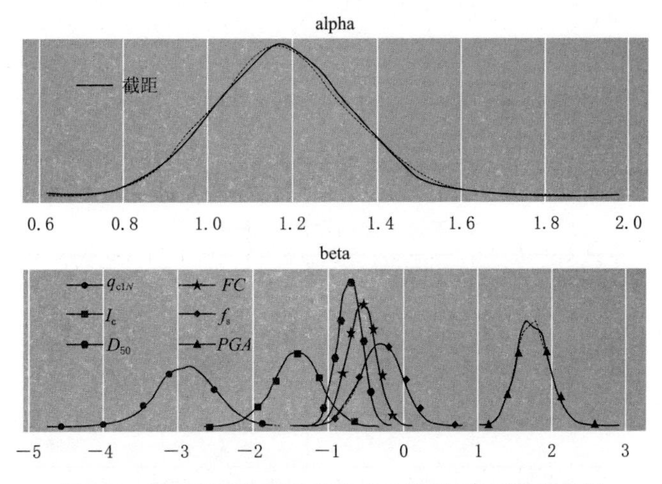

图 2.7 第 5 折边缘后验分布和 MCMC 链采样趋势图

从图 2.3～图 2.7 可以看出，截距 alpha 和回归系数 beta 均为高斯分布，体现了贝叶斯自适应 LASSO 逻辑回归不确定性。MCMC 链的趋势采样图的曲线在一条水平线上小幅度波动，没有趋势和周期，表明采样收敛性良好。收敛的 MCMC 抽样后验分布拟合良好，说明结果与假设的初始参数相符合。对五张图进行对比可知截距 alpha 和回归系数 beta 的高斯分布均值在一定范围内波动，但是波动范围是可以接受的，验证了分层抽样的合理性，即每一折的训练数据均能代表所有样本。

图 2.3～图 2.7 所示的五折交叉训练模型中截距 alpha 和回归系数 beta 所对应的高斯分布中的均值和方差见表 2.2。表中的 5 折平均值即本章建立的液化概率判别模型表达式中的每一个参数的回归系数。其中只有 PGA 对应系数为正值，其他回归系数均为负值，表明峰值地面加速度 PGA 对砂土液化起到促进作用，其余因素对液化起到抑制作用。并且，可以看出变量修正尖端阻值 q_{c1N} 的系数最大，与地震液化最相关，其次是代表地震参数的 PGA，第三为土壤分类指数 I_c。

表 2.2　　贝叶斯决策函数系数总结表

5 折交叉	常数		PGA		FC		D_{50}		q_{c1N}		f_s		I_c	
	平均值	方差	平均值	方差	平均值	方差	平均值	方差	平均值	方差	平均值	方差	平均值	方差
第 1 折	1.24	0.17	1.99	0.24	−0.52	0.19	−0.57	0.16	−2.81	0.4	−0.30	0.26	−1.34	0.34
第 2 折	1.38	0.17	2.05	0.26	−0.39	0.2	−0.75	0.17	−3.36	0.41	0.02	0.23	−1.84	0.35
第 3 折	1.25	0.16	1.79	0.22	−0.55	0.19	−0.72	0.16	−2.88	0.38	−0.13	0.23	−1.35	0.31
第 4 折	1.32	0.17	1.95	0.24	−0.53	0.18	−0.54	0.16	−2.62	0.36	−0.31	0.24	−1.15	0.31
第 5 折	1.18	0.16	1.75	0.22	−0.56	0.19	−0.71	0.16	−2.91	0.39	−0.29	0.28	−1.42	0.32
5 折平均	1.26	0.17	1.87	0.24	−0.49	0.19	−0.58	0.16	−2.83	0.39	−0.33	0.25	−1.42	0.33

2.6.2　不同逻辑回归液化模型的预测结果对比分析

本节将分析基于相同液化数据库构建不同的逻辑回归液化判别模型的预测性能，分别为本章提出的贝叶斯自适应 LASSO 液化判别模型（记作贝叶斯自适应 LASSO－LR_1）及不考虑贝叶斯自适应 LASSO 方法改进的逻辑回归模型（记作 LR_1）、剔除 I_c 贝叶斯自适应 LASSO 液化判别模型（记作贝叶斯自适应 LASSO－LR_2）及其对应的普通逻辑回归模型（记作 LR_2）。模型的预测精度评估采用 ACC、Pre、Rec、F_1 四个指标进行综合分析，结果见表 2.3。

表 2.3　　不同模型的预测平均值

模　　型	ACC	Pre	Rec	F_1
贝叶斯自适应 LASSO－LR_1	0.841	0.853	0.925	0.887
贝叶斯自适应 LASSO－LR_2	0.818	0.829	0.919	0.872
LR_1	0.769	0.785	0.911	0.842
LR_2	0.761	0.784	0.894	0.834

注　LR_1 考虑峰值加速度、细粒含量、地下水位、修正尖端阻值、侧壁摩阻值、土壤分类指数；LR_2 考虑峰值加速度、细粒含量、地下水位、修正尖端阻值、侧壁摩阻值。

贝叶斯自适应 LASSO - LR_1 和 LASSO - LR_2 的预测精度均高于逻辑回归模型 LR_1 和 LR_2，表明把贝叶斯自适应 LASSO 算法加入逻辑回归中可以很大程度上提高预测模型的精度，并且贝叶斯模型还可以反映模型的不确定性，更符合工程实际。对比分析贝叶斯自适应 LASSO - LR_1 和 LASSO - LR_2 模型，LASSO - LR_1 模型的准确率 ACC 提高了 2.3%，且其他指标均有提高，说明土壤分类指数可以提高判别模型的预测性能。

2.6.3 与现有地震液化判别模型的性能对比分析

为进一步验证模型的可靠性，除上述模型的建立外，本节将自适应 LASSO 逻辑回归液化判别模型与常用的 3 种基于 CPT 或 SPT 的液化判别简化方法及 6 个常见的逻辑回归模型进行结果对比分析。其中，3 种简化法的简称分别为 Olsen 模型[6]、Robertson 和 Wride 模型[7]、Seed 和 Idriss 模型[8]。其他逻辑回归液化判别模型选取尖端阻值 q_c（或修正尖端阻值 q_{c1N}、干净砂修正的尖端阻值 q_{c1Ncs}）、等效循环应力比 $CSR_{7.5}$、侧壁摩阻值 f_s 等变量进行液化判别。需要指出的是，Seed 和 Idriss 模型是基于标准灌入试验（SPT）数据构建的。在本书模型对比中，每一个样本都同时包含了 CPT 和 SPT 数据，故基于 CPT 数据构建的逻辑回归模型可以和 Seed 和 Idriss 模型进行预测性能对比，结果见表 2.4。

表 2.4　模型的回判精度与预测精度对比

模型或方法	平均回判精度	平均预测精度	模型或方法	平均回判精度	平均预测精度
Olsen[6]	0.744	0.744	LR_3	0.675	0.784
Robertson 和 Wride[7]	0.727	0.727	LR_4	0.677	0.781
Seed 和 Idriss[8]	0.748	0.748	LR_5	0.684	0.782
LR_1	0.675	0.756	LR_6	0.679	0.782
LR_2	0.677	0.752	贝叶斯自适应 LASSO - LR_1	0.846	0.841

注　LR_1 包含的输入变量为 q_c 和 $CSR_{7.5}$；LR_2 包含的输入变量为 q_{c1N} 和 $CSR_{7.5}$；LR_3 包含的输入变量为 q_{c1Ncs} 和 $CSR_{7.5}$；LR_4 包含的输入变量为 q_c、$CSR_{7.5}$ 和 f_s；LR_5 包含的输入变量为 q_{c1N}、$CSR_{7.5}$ 和 f_s；LR_6 包含的输入变量为 q_{c1Ncs}、$CSR_{7.5}$ 和 f_s。

从平均回判精度中可以看出，6 个逻辑回归模型的预测精度最低，其次是三种简化方法，精度最高的为贝叶斯自适应 LASSO - LR_1 模型，精度值高达 0.846。从平均预测精度可知，简化法与 6 个逻辑回归模型的预测精度相差不大，均在 0.751～0.785。但考虑 FC 修正的模型性能要比不考虑 FC 修正的模型性能偏好；考虑 f_c 变量的模型性能要比不考虑 f_c 的模型性能偏好。此外，贝叶斯自适应 LASSO - LR_1 模型的预测性能也同样表现最好，预测精度高达 0.841，该模型同时考虑了 FC 和 f_c。

传统的简化法和只考虑了少量影响因素的逻辑回归模型的预测结果较差，其主要原因是模型中纳入的因素过少，模型简单，难以解释液化触发。因此，可以看出砂土液化是一个多因素的复杂问题，因素的选取直接影响到模型的预测精度。

综上所述，基于自适应 LASSO 逻辑回归的砂土液化判别模型具有自适应分析多因素、预测精度高和泛化能力强的优点。

2.6.4 逻辑回归模型中因素敏感性对比分析

本节分析贝叶斯自适应 LASSO - LR_1 模型中的每个影响因子的敏感性。为了验证模型中的因子敏感性的准确性和合理性，本书又采用逐步回归分析方法对相同的数据进行敏感性分析，结果见表 2.5。敏感性取值为单一影响因素贡献值占所有因素贡献绝对值之和的比值。敏感性越大，说明在该模型中影响因素越重要，敏感性为 0 代表该因素不重要。

表 2.5　地震液化影响因素敏感性分析　　%

模型	q_{c1N}	PGA	I_c	D_w	FC	f_s
逐步回归模型	41	21	23	8	7	0
LASSO - LR_1 模型	39	24	20	8	7	2

从表 2.5 中可以看出，逐步回归模型和 LASSO - LR_1 模型的地震液化影响因素敏感性的排序一致，均为 q_{c1N}、PGA、I_c、D_w、FC 和 f_s。其中 q_{c1N}、PGA、I_c 三个因素在两个模型中的累计贡献度达到了 80%以上，D_w、FC 的贡献在两个模型中一致，分别为 8%和 7%，f_s 在逐步回归模型中认定为不敏感因素，而在 LASSO - LR_1 模型中占据 2%的敏感性。LASSO - LR_1 模型是在贝叶斯框架里以统计学的方法对函数进行压缩估计得出结果。在模型参数估计时，数据判断保留 f_s 能使结果更优。此外，两个模型均将土壤分类指数 I_c 列为第 3 敏感性因素，也进一步验证了 I_c 对于液化预测判别的重要性。

2.7 基于唐山地震液化数据的模型性能检验

2.7.1 唐山地震液化概述

1976 年 7 月 28 日，唐山市发生地震（M_w=7.6）。这次地震发生了严重的土壤液化，造成唐山市及附近地区大面积喷沙冒水，喷沙冒水面积达 2.4 万 km^2，其中严重的有 3000km^2，并伴有大规模的地面沉降、变形、滑移和地裂，导致各种工程建筑、道路、农田和水利工程场地破坏，给国家和人民带来严重灾难[18]。

在地震过后，哈尔滨工程力学研究所和河北省地震局联合组成调查小组，对唐山地震的破坏情况进行了调查，把喷砂冒水作为砂土液化的主要宏观标志[7]。20 世纪 80 年代，一些学者基于唐山液化调查资料和原位测试数据，发展了中国的液化判别方法，并修订了抗震规范。但当时的测试设备和手段有限，数据还存在缺陷。

此外，为了研究当地质条件发生变化时，该地区再次发生强地震后，场地是否会发生再液化、液化带来的灾害程度等问题，哈尔滨工程力学研究所的相关学者再次对唐山地区地震液化场地进行了调查和研究，并对唐山地震液化数据库进行检验和重构[18-20]。东南大学岩土工程研究所现代原位测试研究室蔡国军教授联合美国加州理工大学，在中国地震局工程力学研究所的配合下，基于现代多功能 CPTu 试验技术，于 2007 年 7 月 9—19 日在唐山市及其附近地区也进行了测试与震害调查，掌握了唐山地区地层的空间分布规律、液化场地分布以及土层的工程特性[21]。

2.7.2 唐山地震液化数据收集与整理

本节共收集了唐山市及其附近地区进行的现代多功能 CPTu 试验数据和地震调查资料，共 21 个具有典型意义的 CPTu 试验点（数据来源于文献［20］），见表 2.6。其中，T1～T16 位于唐山地区的测试点，有未液化点 5 个和液化点 11 个。L1 和 L2 是位于天津市宁河县芦台镇的 2 个液化点。E1、E2 和 E20 为唐山市的 3 个未液化钻孔点。同时，表 2.6 还给出了各个 CPTu 钻孔基本信息，包含钻孔地点和钻孔的经纬度，其中 T9 和 T11 都有 2 个钻孔。表中的“是否液化”是指唐山地震时该场地是否发生实际液化，也就是是否观测到宏观的液化现象。

表 2.6　　唐山地区 CPTu 钻孔信息

编号	是否液化	地　点	经纬度/(°)	
T1	是	陡河桥	N39.68541	E118.20774
T2	是	唐山洼里	N39.69860	E118.34025
T3	否	丰南区胥各庄	N39.54396	E118.11207
T4	否	丰南区高庄子	N39.54745	E118.13343
T5	否	唐山良种场	N39.56293	E118.18641
T6	是	唐山西大夫坨	N39.56293	E118.18641
T7	是	唐山东大夫坨	N39.55876	E118.19913
T8	是	唐山老边庄	N39.54255	E118.20538
T9-1/T9-2	否	丰南区稻地	N39.52287	E118.21356
T10	是	丰南区景庄	N39.53253	E118.20206
T11-1/T11-2	是	丰南区范庄	N39.51628	E118.20302
T12	是	丰南区宣庄	N39.50315	E118.13576
T13	是	丰南区草各庄	N39.58128	E118.32427
T14	是	丰南区阎家庄	N39.57511	E118.34322
T15	是	滦县余庄	N39.75145	E118.64855
T16	否	滦县东坨子头	N39.75266	E118.68437
L1	是	芦台化肥厂	N39.32172	E117.83062
L2	是	芦台农机厂	N39.32503	E117.82849
E1	否	唐山市机械厂	N39.62901	E118.20882
E2	否	唐山市原十中	N39.60696	E118.19716
E20	否	开平区	N39.68682	E118.24636

2.7.3 液化判别模型的性能验证

对贝叶斯自适应 LASSO 逻辑回归在唐山地震中的液化判别成功率进行验证。在贝叶斯自适应 LASSO 逻辑回归的液化判别中，用于液化判别的参数分别为地震峰值加速度 PGA、修正尖端阻值 q_{c1N}、侧壁摩阻值 f_s、地下水位 D_w、细粒含量 FC 和土壤分类

指数 I_c。但由于现有的土层分类模型中没有考虑土层类别的影响，因此本节的验证分为两个部分，一部分为不考虑土质类别的贝叶斯自适应 LASSO 逻辑回归液化预测模型的泛化性性能验证，另一部分为考虑土质类别的贝叶斯自适应 LASSO 逻辑回归液化模型的泛化性性能验证，通过对比这两部分结果，突出土质类别对液化判别精度的重要影响。

由于部分场地存在数据缺失问题，本节选取唐山地区的典型的 13 个勘测点数据（所有输入变量数据完备），其中液化层数据 9 个，未液化层数据 3 个，对上述两个贝叶斯自适应 LASSO 逻辑回归液化判别模型的性能检验，判别结果分别见表 2.7 和表 2.8。从表 2.7 中可知，13 个测试点中未考虑土质类别的贝叶斯自适应 LASSO 逻辑回归液化判别正确的样本为 11 个，预测精度为高达 84.7%，验证了模型具有较好的泛化性能，适用于唐山地震液化评估。从表 2.8 中可知，考虑土质类别这个影响因素后，13 个测试点中判别模型判别正确的样本为 12 个，模型精度计算为 92.3%，说明考虑土质类别的模型泛化性能更佳。与表 2.8 的结果相比，液化预测精度提高了 7.6%。因此，该对比研究进一步验证了土质类别对液化判别的重要性。

表 2.7　未考虑土质类别的贝叶斯自适应 LASSO 逻辑回归液化预测结果

测试点	土层范围	液化情况	PGA/g	q_{c1N}/kPa	f_s/kPa	D_w/m	FC/%	I_c	液化判别
T1	5.7～6.55	是	0.64	88.7	175.6	3.7	2.16	—	是
T4	4～4.5	否	0.64	122	108.5	1.1	1.16	—	否
T5	3～4.2	否	0.64	85.9	93.06	3	1.36	—	否
T6	5～6.1	是	0.64	217	164.4	1.5	0.93	—	否
T7	3～4	是	0.64	53.1	73.17	3	1.76	—	是
T8	4.75～7.4	是	0.64	101	76.28	2.2	0.89	—	是
T9-1	3.3～4.8	否	0.64	135	75.12	1.1	0.82	—	是
T10	5～6.7	是	0.64	57	76.28	1.45	1.92	—	是
T11-2	1.4～2.6	是	0.58	68.3	75.12	0.85	1.26	—	是
T12-1	2.45～2.8	是	0.58	37.7	92.78	1.55	2.07	—	是
T12-2	4.8～9.4	是	0.58	103	50.43	1.55	1.27	—	是
T13	1.65～3.0	是	0.54	92.1	51.99	1.05	1.23	—	是
T14	1.25～2.1	是	0.27	188	116.3	1.25	0.78	—	否

表 2.8　考虑土质类别的贝叶斯自适应 LASSO 逻辑回归液化预测结果

测试点	土层范围	土类	液化情况	PGA/g	q_{c1N}/kPa	f_s/kPa	D_w/m	FC/%	I_c	液化判别
T1	5.7～6.55	6	是	0.64	88.7	175.6	3.7	2.16	2.18	是
T4	4～4.5	6	否	0.64	122	108.5	1.1	1.16	1.89	否
T5	3～4.2	6	否	0.64	85.9	93.06	3	1.36	2.05	否
T6	5～6.1	6	是	0.64	217	164.4	1.5	0.93	1.65	否
T7	3～4	3	是	0.64	53.1	73.17	3	1.76	2.28	是

续表

测试点	土层范围	土类	液化情况	PGA/g	q_{c1N}/kPa	f_s/kPa	D_w/m	FC/%	I_c	液化判别
T8	4.75～7.4	6	是	0.64	101	76.28	2.2	0.89	1.88	是
T9－1	3.3～4.8	2	否	0.64	135	75.12	1.1	0.82	1.76	是
T10	5～6.7	6	是	0.64	57	76.28	1.45	1.92	2.29	是
T11－2	1.4～2.6	6	是	0.58	68.3	75.12	0.85	1.26	2.06	是
T12－1	2.45～2.8	5	是	0.58	37.7	92.78	1.55	2.07	2.45	是
T12－2	4.8～9.4	6	是	0.58	103	50.43	1.55	1.27	1.97	是
T13	1.65～3.0	5	是	0.54	92.1	51.99	1.05	1.23	1.98	是
T14	1.25～2.1	5	是	0.27	188	116.3	1.25	0.78	1.60	是

2.8 算法参数和先验分布对模型性能的影响

贝叶斯逻辑回归液化模型预测精度往往会受各种不确定性的影响，如模型不确定性和参数不确定性。其中，地震液化参数不确定性是由地震的随机性、岩土参数的时空性差异和试验测量方法及误差等造成的，通常采用各参数的概率密度函数表示[7]；模型不确定性是由知识不确定和模型固有误差造成的，包括贝叶斯逻辑回归液化预测模型的先验分布与模型内部的算法参数设置。

贝叶斯逻辑回归液化预测模型本身就是一种不确定性推理，在模型的学习和推理中包含了参数的先验分布函数和后验分布函数计算，即考虑了参数的不确定性，而不像其他机器学习模型没有考虑液化参数的不确定性影响，这也是贝叶斯方法比其他方法优越的重要原因之一[13]。且通过调整模型中的参数值，使模拟和实测变量之间达到满意的拟合程度，可得到期望模型精度。

综上所述，本节在上述收集的唐山 CPTu 数据基础上，对模型的算法参数和不同的先验分布对贝叶斯逻辑回归液化预测模型的结果影响进行讨论。

2.8.1 算法参数对模型预测结果的影响

在贝叶斯理论中，模型结构对模型有较大的影响，一旦最优模型结构确定下来，一般不会轻易改变。为得到更适合贝叶斯逻辑回归液化预测模型的算法，本节选取了 NUTs 算法和 Metropolis 算法。NUTs 算法是马尔科夫链蒙特卡罗算法中的一种，使用一个递推算法来建立一个可能的候选点集合，该集合涵盖了目标分布，当它开始折返并回溯其步骤时自动停止。Metropolis 算法是模拟退火算法的基础，即以概率来接受新状态，而不是使用完全确定的规则。

NUTs 算法和 Metropolis 算法的 Trace 都设定为 500。此外，为确定其会不会因先验分布不同而影响模型算法的抽样，标定先验分布为正态分布 $N\sim(0, 100)$。两组实验数据分为相同的训练集和测试集，并以均值 *mean*，方差 *sd* 来表现模型的稳定性，alpha 代表截距和回归系数 beta，其中 beta［0］～beta［5］分别表示为 PGA、FC、D_{50}、q_{c1N}，

f_s 和 I_c。两种算法对贝叶斯逻辑回归模型的影响结果见表 2.9 和表 2.10。

表 2.9　Metropolis 算法的液化判别结果

参数	均值	标准差	hdi_3%	hdi_97%
alpha	1.35	1.04	−0.64	3.34
beta [0]	1.88	0.91	−2.35	1.37
beta [1]	−0.47	0.89	−2.42	1.26
beta [2]	−0.58	1.22	−4.99	−0.66
beta [3]	−2.83	0.88	−2.16	1.5
beta [4]	−0.33	0.88	−3.25	0.41
beta [5]	−1.42	0.32	−2.05	−0.9

注　hdi_3%表示贝叶斯下置信界限；hdi_97%表示上置信界限。

表 2.10　NUTs 算法的液化判别结果

参数	均值	标准差	hdi_3%	hdi_97%
alpha	1.18	0.16	0.88	1.48
beta [0]	1.75	0.22	1.35	2.18
beta [1]	−0.56	0.19	−0.94	−0.21
beta [2]	−0.71	0.16	−1.01	−0.41
beta [3]	−2.91	0.39	−3.66	−2.19
beta [4]	−0.29	0.28	−0.8	0.26
beta [5]	−1.45	0.32	−2.05	−0.9

在算法的运算效率上，Metropolis 在 Trace 设置为 2000 时才趋于稳定，计算时间效率为 75%。并且通过表 2.9 和表 2.10 可知，模型参数方差普遍降低了 10%～50%，不确定性得到了降低。Metropolis 算法的预测精度为 78%，NUTs 算法的预测精度为 84%。综上所述，NUTs 算法在贝叶斯逻辑回归液化预测模型中效果更佳。

2.8.2　不同先验分布对模型预测结果的影响

贝叶斯推断法作为判别模型中求解参数的常用方法，弥补了贝叶斯推理在模型中对于样本进行选择时因主观性产生的缺陷。尽管现有研究已将贝叶斯推断引入到各领域中并取得了较好的成果，但对于数据预处理情况及先验分布对参数后验的影响研究尚不多见。因此，为分析不同先验分布对贝叶斯逻辑回归液化预测模型的影响，本节在忽略模型输入和模型结构不确定性的前提下，将模型预测误差来源均归结为模型算法参数的设定和选取不同的先验分布。采用 2.6.4 节选取的液化重要影响因素，根据不同的正态先验分布采用 NUTs 采样获得参数后验分布的样本，最后比较不同先验分布的对液化预测模型的精度影响。

模型预测中，截距和回归系数先验分布的选取会对后验结果有很大影响。因此，回归系数的先验分布均值在同一区间。本节研究了三个先验分布为 $N\sim(0,\ 10)$、$N\sim(0,$

100)、N～(0，1000) 对后验分布的影响，其结果见表 2.11～表 2.13。通过对唐山地震的预测得出，三种模型的预测精度分别为 79.6%，84%，84%。因此，在选定正态分布为 N～(0，100) 时，贝叶斯逻辑回归液化预测模型的精度达到最高 84%。并且各个影响因素的方差最小，说明模型此时预测性能最稳定。

表 2.11　　先验分布为 N～(0，10) 的液化判别结果

参数	均值	标准差	hdi_3%	hdi_97%
alpha	1.08	0.15	0.88	1.48
beta [0]	1.55	0.2	1.35	2.18
beta [1]	−0.54	0.18	−0.94	−0.21
beta [2]	−0.61	0.15	−1.01	−0.41
beta [3]	−2.4	0.31	−3.66	−2.19
beta [4]	−0.41	0.25	−0.8	0.26
beta [5]	−1.09	0.26	−2	−0.81

表 2.12　　先验分布为 N～(0，100) 的液化判别结果

参数	均值	标准差	hdi_3%	hdi_97%
alpha	1.18	0.16	0.88	1.48
beta [0]	1.75	0.22	1.35	2.18
beta [1]	−0.56	0.19	−0.94	−0.21
beta [2]	−0.71	0.16	−1.01	−0.41
beta [3]	−2.91	0.39	−3.66	−2.19
beta [4]	−0.29	0.28	−0.8	0.26
beta [5]	−1.42	0.32	−2	−0.81

表 2.13　　先验分布为 N～(0，1000) 的液化判别结果

参数	均值	标准差	hdi_3%	hdi_97%
alpha	1.17	0.15	0.9	1.47
beta [0]	1.75	0.23	1.31	2.17
beta [1]	−0.56	0.19	−0.9	−0.21
beta [2]	−0.72	0.17	−1.01	−0.39
beta [3]	−2.94	0.39	−3.69	−2.27
beta [4]	−0.26	0.28	−0.76	0.34
beta [5]	−1.45	0.32	−2.05	−0.9

由上述结果可知，在选定正态分布为 N～(0，100) 时，贝叶斯逻辑回归液化预测模型的精度达到最高。并且各个影响因素的方差最小，说明模型此时预测性能最稳定。

2.9　本章总结

本章以 533 组新的地震液化案例为基础，采用震级、震中距、地震持续时间、地震峰值加速度、细粒含量、平均粒径、有效覆土应力、地下水位、地下水埋深、修正尖端阻值、侧壁摩阻值、覆土应力以及土壤分类指数这 13 个液化影响因素，建立了贝叶斯自适应 LASSO 逻辑回归砂土液化判别模型。并探讨了土壤分类指数 I_c 对逻辑回归液化判别模型的影响。此外，以 1976 年唐山地震的 CPTu 案例数据为例，验证了贝叶斯自适应 LASSO 逻辑回归液化预测模型的泛化性能。还探讨了不同算法参数和先验分布对贝叶斯逻辑回归液化预测模型性能的影响。主要结论如下：

（1）地震液化的影响因素繁多，且它们之间又具有强相关性，在地震液化逻辑回归判别模型中引入贝叶斯自适应 LASSO - LR 方法，可以有效地解决影响因素过多或因素间存在共线性进而严重影响模型预测精度的难题。此外，本书构建的贝叶斯自适应 LASSO - LR 的预测性能不但优于其他多个液化判别模型，还可对液化预测进行概率分析，为地震液化判别提供了新的思路和手段。

（2）在选取的 13 个液化影响因素中，自适应 LASSO 筛选出的重要影响因素为修正尖端阻值、地震峰值加速度、土壤分类指数、地下水位、细粒含量、侧壁摩阻值。这一结论为构建地震液化判别模型时因素的选择提供了参考依据。

（3）本章以唐山地震 CPTu 数据为例，验证了本章所提出的贝叶斯自适应 LASSO 逻辑回归液化预测模型的泛化性能。其中，未考虑土质类别（采用 I_c 表征）的模型预测精度为 84.7%，而考虑了土质类别的模型预测精度为 92.3%，进一步验证了土质类别对液化判别的重要性。

（4）讨论了不同算法参数和先验分布对贝叶斯逻辑回归液化预测模型的影响。结果表明，NUTs 算法更适用于贝叶斯逻辑回归液化预测模型，且采用先验分布设定 $N\sim(0, 100)$ 可使模型获得较好的预测性能。

参考文献

[1] LIAO S S C，VENEZIANO D，WHITMAN R V. Regression models for evaluating liquefaction probability [J]. Journal of Geotechnical Engineering，1988，114 (4)：389 - 411.

[2] 潘建平，孔宪京，邹德高. 基于 Logistic 回归模型的砂土液化概率评价 [J]. 岩土力学，2008，29 (9)：2567 - 2571.

[3] 蔡国军，刘松玉，童立元，等. 基于静力触探测试的国内外砂土液化判别方法 [J]. 岩石力学与工程学报，2008，27 (5)：9.

[4] 蔡国军，刘松玉，童立元. 基于聚类分析理论的 CPTU 土分类方法研究 [J]. 岩土工程学报，2009，31 (3)：9 - 12.

[5] 胡记磊. 基于贝叶斯网络的地震液化风险分析模型研究 [D]. 大连：大连理工大学，2016.

[6] OLSEN R S. Cyclic liquefaction based on the cone penetrometer test [J]. National Center for Earthquake Engineering Research，1997，32 (23)：110 - 123.

[7] ROBERTSON P K，WRIDE C E. Evaluating cyclic liquefaction potential using the cone penetration test [J]. Canadian Geotechnical Journal，1998，35 (3)：442 - 459.

[8] SEED H B, IDRISS I M. Simplified procedure for evaluating soil liquefaction potential [J]. Journal of the Soil Mechanics and Foundations Division, ASCE, 1971, 97 (9): 1249 - 1273.

[9] 蔡国军，刘松玉，童立元. 孔压静力触探（CPTU）测试技术应用综述 [C]//土工测试技术实践与发展：第24届全国土工测试学术研讨会论文集. 郑州：黄河水利出版社，2005.

[10] CRAMER J S. The origins of Logistic regression (PDF) (technical report) [R]. Tinbergen Institute, 2002, 119: 167 - 178.

[11] 陈信钦，林春生，张永志. 基于Monte Carlo模拟法和Markov过程理论效果评估研究 [J]. 武汉理工大学学报，2010，34 (4)：4 - 5.

[12] 罗昊. 基于自适应LASSO变量选择的Logistic信用评分模型研究 [D]. 南京：东南大学，2016.

[13] 张政，胡记磊，刘华北. 基于贝叶斯网络的缓坡场地震液化侧移评估：以台湾集集地震为例 [J]. 自然灾害学报，2018，27 (6)：127 - 132.

[14] 左萍萍. 基于SCPTU的土层不确定性分析与桩承载效应研究 [D]. 镇江：江苏大学，2020.

[15] 柏国龙. 基于CPTu土层分类与桩承载特性的工程应用研究 [D]. 镇江：江苏大学，2017.

[16] MOSS R E, SEED R B, KAYEN R E, et al. CPT - based probabilistic and deterministic assessment of in situ seismic soil liquefaction potential [J]. Journal of Geotechnical and Geoenvironmental Engineering, 2006, 132 (8): 1032 - 1051.

[17] 曹志冬，王劲峰，李连发，等. 地理空间中不同分层抽样方式的效率与优化策略 [J]. 地理科学进展，2008，27 (3)：152 - 160.

[18] 王蕾. 1976年唐山大地震CPT液化数据库检验与重构 [D]. 邯郸：河北工程大学，2021.

[19] 王亮. 基于逻辑回归的砂土液化判别研究 [D]. 哈尔滨：中国地震局工程力学研究所，2017.

[20] 邱毅. 唐山地震液化场地再调查及数据分析 [D]. 哈尔滨：中国地震局工程力学研究所，2008.

[21] 段伟，蔡国军，刘松玉，等. 基于现代原位测试CPTU的土体液化势统一评价方法 [J]. 岩土工程学报，2022，44 (3)：435 - 443.

[22] JEFFERIES M G, DAVIES M P. Soil Classification by the Cone Penetration Test: Discussion [J]. Canadian Geotechnical Journal, 1991, 28 (1): 173 - 176.

第 3 章

基于响应面–神经网络的地震液化触发风险预测

在已有的所有地震液化触发预测方法中，使用案例或实验室测试结果的经验和半经验模型是最常见的，并且易于工程师和研究人员使用。然而，这些方法或模型仍然缺乏足够的验证。虽然已经证明了细颗粒含量（*FC*）对地震液化的触发有复杂的影响，但现有模型并未充分考虑这个参数。此外，已有研究证明了标准化的累积绝对速度（CAV_5）为液化触发判别的有效强度指标，而现有的大多数模型仍采用震级（M_w）和水平地面峰值加速度（*PGA*）作为模型的输入变量。再者，对土壤特性、场地条件和地震荷载的认识不足，使得高度非线性条件下的液化判别问题存在高度的不确定性。

为了处理这些不确定因素，并对其进行量化，本书引入了基于人工神经网络（ANN）的蒙特卡罗模拟（MCS）来进行参数敏感性分析，研究这些不确定因素对液化触发危害的影响。其中，响应面方法（RSM）作为一种新的方法被应用，比较各因素对液化触发的影响。本章通过在数据集中加 CAV_5 来考虑地震动特性的影响，如断层类型、近断层距、地震动的频率和持续时间，从而得出一个能够评估近断层区危险的液化触发风险预测模型。

3.1 响应面方法简介

响应面方法（response surface methodology，RSM）是 20 世纪 50 年代提出的一种实验策略[1]，该方法是通过一个多项式方程（包括线性方程和二次多项式方程）来精确地描述响应变量与对应过程变量组合间的定量数学关系，通过构建模型可得到这些过程变量与响应变量间的曲面轮廓，从这些响应面可初步得到优化过程参数变化的方向。

响应面模型的建立主要包括 5 个方面：确定自变量和响应变量；实验设计；实验数据统计处理；响应面函数选择及拟合；响应面模型验证。其中，响应面函数形式的选择及拟合、实验设计是响应面方法的关键。

1. 确定自变量和响应变量

对于一个研究问题，首先要选取响应变量（即因变量）作为研究对象。然后通过实验筛选对因变量有重要影响的自变量。然而在实际研究中，不可能研究所有自变量对某一因变量的影响，所以对一个研究体系，选取合适的自变量十分重要，这直接关系到优化模型

是否能被准确地构建。

2. 实验设计

实验设计有几种常见的方法，如全因子设计、中心复合（CC）设计、d-优化设计和拉丁超立方体设计[2]。不同的方法会对响应面模型的预测结果产生影响，这取决于其值和参数的性质。此外，Box-Behnken（BB）设计[3]是工业中常见的经济设计方法。每个参数只需要三个层次，即－1、0和1，分别属于每个变量的最小值、平均值和最大值。CC是最常用的设计，它包含三个层次的BB设计。半中心复合（HCC）设计与CC设计相似，但其中心点和α值有所不同。HCC设计与CC设计具有相似的性质，但α值不同。

3. 实验数据统计处理

当按照设定的实验设计进行实验之后，需要通过分析测定的实验数据，可以获得构建模型的自变量和因变量数据。当确定数据之后，则可以进行后续的响应面函数选择及拟合。

4. 响应面函数选择及拟合

输入变量与目标之间的数学框架函数称为回归模型。当有两个及以上的变量时，称为多元回归模型。用于RSM构建模型时，最常见的函数形式如下：

一次多项式
$$R(X)=a_0+\sum_{i=1}^{n}b_iX_i \tag{3.1}$$

没有交叉项的二次多项式
$$R(X)=\sum_{i=1}^{n}b_iX_i+\sum_{i=1}^{n}C_iX_i^2 \tag{3.2}$$

有交叉项的二次多项式
$$R(X)=a_0+\sum_{i=1}^{n}b_iX_i+\sum_{i=1}^{n}C_iX_i^2+\sum_{\substack{i=1\\ j\neq i}}^{n}d_{ij}X_iX_j \tag{3.3}$$

5. 响应面模型验证

用某一函数拟合实验数据后，有时发现该拟合模型并不能令人满意地描述整个实验过程变量范围区间，因此必须使用方差分析方法（ANOVA）评价构建模型的可靠性和准确性[4]。而ANOVA是一组统计方法和用于判断多变量模型中某些变量显著性的数学函数。方差分析主要目的是识别自变量的重要性和判定某些自变量对因变量影响是最显著的，同时它也可以确定所构建模型是否是统计显著的和估算回归模型预测响应变量的方差。

3.2 神经网络方法简介

人工神经网络（artificial neural networks，ANN）被定义为大脑模型系统，它是包含细胞（称为神经元）的数学模型的集合，通过链接相互连接。人工神经网络的目标是利用训练过程来学习参数之间的多重非线性关系，以接近目标（输出）。训练是计算权重的过程，它表示神经元之间联系的强度。在训练过程中，目标是使预测输出的总误差最小，定义如下：

$$E=\sum_{n=1}^{N}\sum_{i=1}^{I}(t-p)^2 \tag{3.4}$$

式中　N——样本的数量（$n=1, 2, \cdots, N$）；

I——输出（目标）的数量（$i=1, 2, \cdots, I$）；

t——目标值；

P——ANN对目标的预测值。

目前，已经提出了许多神经网络类型，其中前馈神经网络是能力最强、应用最普遍的模型。Hornik等[5]发现在所有类别的神经网络拓扑结构中，多层感知器（multi-layer perception，MLP）拥有最好的容量和能力，能够以高精确度近似任何函数。它包括三种类型的层：①输入层，分配输入数据，每个输入变量包含一个神经元；②一个或多个隐藏层，进行非线性转换、加法和乘法；③用于估计最终结果的输出层，它包含的神经元数量等于ANN模型要近似的目标数量。

ANN的主要思想是：将训练集数据输入到网络结构的输入层，经过隐藏层，最后达到输出层并输出结果，这是ANN的前向传播过程。由于ANN的输出结果与实际结果有误差，则先计算估计值与实际值之间的误差，并将该误差从输出层向隐藏层反向传播，直至传播到输入层。在反向传播的过程中，根据误差调整各种参数的值，不断迭代上述过程，直至收敛。此外，Levenberg[6]首次提出莱文贝格-马夸特（Levenberg-Marquard，LVM）算法，是梯度下降算法和高斯牛顿算法的组合，见式（3.5）。

$$(J^{\mathrm{T}}J+\lambda \boldsymbol{I})\delta=J^{\mathrm{T}}[y-f(\beta)] \tag{3.5}$$

式中　J——雅可比式子；

$\boldsymbol{I}$——单位矩阵；

λ——阻尼因子。

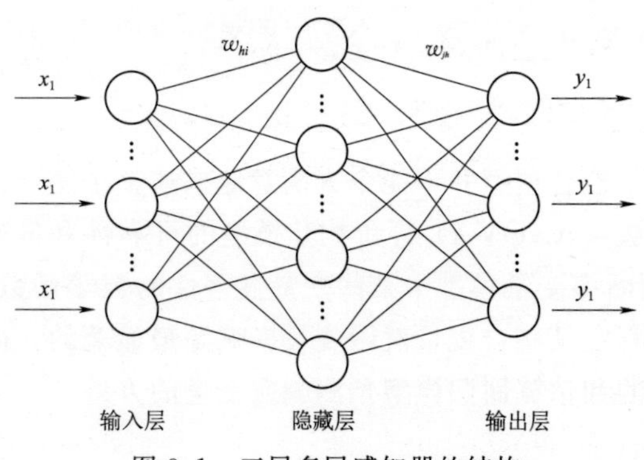

图3.1　三层多层感知器的结构

网络样本通常被随机分成两个子集：第一个子集用于通过调整网络的权重来训练网络，第二个子集是测试集。测试样本不用于训练步骤，而是用于评估训练后的网络性能。此外，可以选择一个新的样本集，称为验证集，以避免过度训练网络。当准确性和相关系数增加，但验证样本集的准确性和相关系数下降时，就会发生这种情况。当过度拟合开始时，应该停止训练。

在本书中，选取了三层多层感知器模型，如图3.1所示，只包括一个隐藏层。对于具有输入向量$\boldsymbol{x}=(x_1, x_2, \cdots, x_m)$和输出向量$\boldsymbol{y}=(y_1, y_2, \cdots, y_p)$的多层感知器，提供输入和目标（输出）$j$之间的相关性的方程式可以表示为：

$$y_j=f_{\text{output}}\left[\sum_{h=1}^{k} w_{jh} f_{\text{hidden}}\left(\sum_{i=1}^{m} w_{hi}x_i+w_{h0}\right)+w_{j0}\right] \tag{3.6}$$

式中　m——输入单元的数量；

k——隐藏层的神经元数量；

p——输出单元的数量；

x_i——第i个输入单元；

w_{hi}——输入 i 和隐藏神经元 h 之间的权重；

w_{jh}——隐藏神经元 h 和输出神经元 j 之间的权重；

w_{h0}——神经元 h 的阈值（或偏置）；

w_{j0}——神经元 j 的阈值；

f_{hidden}——隐藏层的传递函数；

f_{output}——输出层的传递函数。

3.3 历史液化数据库的构建

CPT 液化数据对案例历史数据库进行了更新，包括最近地震事件中的新增数据[7-11]，单独的历史案例和主要参考资料汇编见表 3.1。本节使用 Boulanger 等[12] 的液化 CPT 数据库案例的更新版本，包含 253 个样本，其中有 180 个液化样本、71 个未液化样本和 2 个未知类别样本。常用的 I_c 边界值为 2.6[13]，用于消除黏土的影响。因此，本书中不使用数据库中 $I_c \geqslant 2.6$ 的 15 个样本。所有样本中约有 30%属于 1989 年 Loma Prieta 地震，包括 76 个案例历史样本。该数据集包含四个地震参数：矩震级（M_w）、PGA、累计绝对速度（CAV_5）和断层距（r_{rup}）。其中，CAV_5 采用 Kramer 等[14] 和 Sadigh 等[15] 提出的方程［式（3.8）］计算得到。其次，由于衰减方程的震级范围，将矩震级为 9 级的东北地震的 7 个数据样本从数据集中剔除。该数据集中，包含以下输入变量：震级（M_w）、CAV_5、r_{rup}、PGA(g)、可液化土层厚度 T(m)（从临界深度区间测量）、地下水位（m）、覆土应力（kPa）、有效覆土应力（kPa）、修正的锥尖阻值 q_{c1N} 和细粒含量 FC(%)。

表 3.1　　本书中所使用的数据集汇总

场地类型	地　　震	数据量	训练数据	测试数据	验证数据
液化场地	1983 年博拉峰地震（M_w=6.9，Borah Peak，US）	4	2	1	1
	1999 年集集地震（M_w=7.6，Chi-Chi，Taiwan，China）	11	7	2	2
	2011 年克赖斯特彻奇地震（M_w=6.2，Christchurch，NZ）	21	13	4	4
	2010 年达菲尔德地震（M_w=7.1，Darfield，NZ）	18	12	3	3
	1987 年埃奇康布地震（M_w=6.6，Edgecumbe，NZ）	12	8	2	2
	1995 年兵库县南部地震（M_w=6.9，Hyogoken-Nambu，Japan）	16	10	3	3
	1979 年因佩里尔谷地震（M_w=6.5，Imperial Valley，US）	2	2	0	0
	1968 年因阿格哈地震（M_w=7.2，Inangahua，NZ）	2	2	0	0
	1999 年柯杰利地震（M_w=7.5，Kocael，Turkey）	14	8	3	3
	1989 年洛马普里塔地震（M_w=6.9，Loma Prieta，US）	49	29	10	10
	1983 年日本海中部地震（M_w=7.7，Nihonkai Chub，Japan）	2	2	0	0
	1964 年新泻地震（M_w=7.6，Niigata，Japan）	2	2	0	0
	1994 年诺斯里奇地震（M_w=6.7，Northridge，US）	2	2	0	0
	1987 年超凡希尔斯地震（M_w=6.5，Superstition Hills，US）	1	1	0	0
	1976 年唐山地震（M_w=7.6，Tangshan，China）	13	9	2	2

续表

场地类型	地　震	数据量	训练数据	测试数据	验证数据
液化场地	1980 年维多利亚地震（$M_w=6.3$，Victoria（Mexicali，US）	4	2	1	1
	1981 年韦斯特莫兰地震（$M_w=5.9$，West Morland，US）	3	1	1	1
液化未知场地	1975 年海城地震（$M_w=7.0$，Haicheng，China）	1	1	0	0
	1989 年洛马普雷塔地震（$M_w=6.9$，Loma Prieta，US）	1	1	0	0
未液化场地	2011 年克赖斯特彻奇地震（$M_w=6.2$，Christchurch，NZ）	4	4	0	0
	2010 年达菲尔德地震（$M_w=7.1$，Darfield，NZ）	7	5	1	1
	1987 年埃奇康布地震（$M_w=6.6$，Edgecumbe，NZ）	5	3	1	1
	1975 年海城地震（$M_w=7.0$，Haicheng，China）	1	1	0	0
	1995 年兵库县南部地震（$M_w=6.9$，Hyogoken - Nambu，Japan）	7	3	2	2
	1979 年因佩里尔谷地震（$M_w=6.5$，Imperial Valley，US）	2	2	0	0
	1999 年柯杰利地震（$M_w=7.5$，Kocael，Turkey）	1	1	0	0
	1989 年洛马普里塔地震（$M_w=6.9$，Loma Prieta，US）	26	14	6	6
	1983 年日本海中部地震（$M_w=7.7$，Nihonkai Chub，Japan）	1	1	0	0
	1964 年新泻地震（$M_w=7.6$，Niigata，Japan）	1	1	0	0
	1994 年诺斯里奇地震（$M_w=6.7$，Northridge，US）	5	3	1	1
	1987 年超凡希尔斯地震（$M_w=6.5$，Superstition Hills，US）	6	4	1	1
	1981 年韦斯特莫兰地震（$M_w=5.9$，West Morland，US）	2	2	0	0
	总样本量	246	158	44	44

3.3.1　地震震级与峰值加速度数据选择

液化数据库中的所有地震都使用 M_w，而 M_w 可以从 NGA 和 NGA - 2[16-17] 的项目文件中获取，也可从美国地质调查局（USGS）获得[18]。

地震震动一般发生在三个方向。因此，*PGA* 通常被分成水平和垂直两个部分。水平方向的 *PGA* 一般比垂直方向的大，但是靠近大地震的地方，却不一定如此。地震能量以波的形式从下边散开，造成地面全方位的运动，但通常是在水平（两个方向）和垂直方向上建模。在地震中，地面加速度在三个方向上被测量：垂直方向（V 或 UD，代表上下）；两个垂直的水平方向（H1 和 H2），通常是南北方向（NS）和东西方向（EW）。每个方向的加速度峰值都会被记录下来，通常报告最高的单个数值。另外，也可以记录一个特定站点的综合值。水平地面加速度峰值可以通过选择较高的单个记录，取两个值的平均值，或计算两个分量的矢量和来达到。也可以通过考虑垂直分量来达到三分量的数值。

历史案例数据库中 *PGA* 测量的来源包括许多方法，如有限断层模型、随机点源模型、Green 函数法、经验回归方法[19]。USGS 震动图[20] 主要用于研究没有详细记录 *PGA* 观测场地的研究。新的震动图为不同类型的影响因素的组合（如记录值、强度、地面的运动方程），提出了一种平衡方法，以获取最大地面运动参数的最佳测量值。通过震动图证明了 *PGA* 测量值的合理性。

3.3.2 累积绝对速度计算

Reed 等[21] 在电力研究协会（electric power research institute，EPRI）中引入了累积绝对速度（CAV）作为关闭核电站的标准。随后，O'hara 等[22] 在 EPRI 中提出了 CAV 的计算方程，表示为

$$CAV=\int_0^{t_{\max}} |a(t)|\,\mathrm{d}t \tag{3.7}$$

式中 $a(t)$——地震动加速度；

t——地震时间；

$t_{\max}$——地震持续时间最大值。

矩震级（M_w）及峰值加速度（PGA）是评估液化危害的经验、半经验和分析模型中最常见的地震参数。但是 Kramer 等[14] 为了确定哪一个地震参数与砂土液化期间积累的超孔隙水压力密切相关，评估了 300 个地震参数对液化的影响，收集了一个包括 22 次地震的 450 次地面运动和涵盖各种的断层类型、断层距（r_{rup}）、M_w 的数据库，并根据 Luco 等[23] 对地震参数进行有效性和充分性评价。最后，Kramer 等[14] 得出在地震液化评估中满足有效性和充分性的地震参数是 CAV_5，见式（3.8）。此外，他们使用太平洋地震工程研究中心强震数据库的来自 40 次地震的 282 条记录，提出了预测 CAV_5 的衰减方程，见式（3.9）。

$$CAV_5=\int_0^{\infty}\langle\chi\rangle\,|a(t)|,\langle\chi\rangle=\begin{cases}0, & \text{for } |a(t)|<5\text{cm/s}^2\\ 1, & \text{for } |a(t)|\geqslant 5\text{cm/s}^2\end{cases} \tag{3.8}$$

$$\begin{aligned}\ln CAV_5=&3.495+2.764(M_w-6)+8.539\ln(M_w/6)\\&+1.008\ln\left(\sqrt{r_{\text{rup}}^2+6.155^2}\right)+0.464F_N+0.165F_R\end{aligned} \tag{3.9}$$

式中 CAV_5——剔除加速度小于 5cm/s² 的一种 CAV 形式。

走滑断层对应的 $F_N=F_R=0$；正断层对应的 $F_N=1$、$F_R=0$；逆断层和斜滑断层对应的 $F_N=0$、$F_R=1$。

3.3.3 q_{c1Ncs} 数据的选择与测量

一般来说，在解释案例历史或分析时，特定地层的 q_{cn} 值是否合适，取决于地层的空间属性（如厚度、横向范围、连续性）、变化形式（如再固结沉降、横向扩展、斜坡不稳定）以及根据所需地层的潜在变化机制的空间尺寸。熟悉掌握数据库中 q_{c1Ncs} 值的选择方法，对于更好地在液化程序中使用这些数据具有重要意义。

在大多数情况下，CPT 数据是在地震发生之后进行原位试验测得的，但也有一些案例中的 CPT 数据是在地震前测试产生的。针对震前和震后原位测试结果是否存在差异性，Chameau 等[24] 对比研究了洛马普雷塔地震前后旧金山的几个场地所使用的 CPT 数据，Boulanger 等[25] 对比了“莫斯兰丁”环境下的前震和余震数据。他们的研究表明，这种差异并不大。此外，在坎特伯雷地震序列中的克赖斯特彻奇地区经历过三四次液化历史，在地震液化前后进行的 CPT 和瑞典式测深试验，研究发现测试结果没有太大的差异。

地震荷载对 CPT 数据的影响似乎在前震、地震荷载强度、液化、其他土壤性质（如

FC、塑性、颗粒、年龄、水泥和地震的时间）等方面与渗透试验不同。现有的数据并不适合区分这些影响，因为案例历史数据库中列出的 q_{cN} 值。然而，他们指出，数据库中存在前震和后震的 CPT 数据可以表明所获得的比率保守性较低，因为地震荷载的影响可能较小，而这些数据更接近于这些比率之间的边界。

3.3.4　莫斯兰丁州立海滩数据分析

莫斯兰丁州立海滩的历史数据表明，若当一些地层是均质时，选择主要区间在逻辑上是不同的。在 1969 年洛马普雷塔地震（$M_w=6.9$）[26] 中，通往莫斯兰丁的道路上发生了液化现象，所测得 PGA 为 0.28g。萨利纳斯河中的砂土冲积物在奇奥斯克的入口处堆积高达数米，与之相反的是海滩的西部，砂土上面主要为一些沉积物，这些沉积可能会将河道与蒙特雷湾分隔开。在道路表面并未发现地面位移的现象。

在奇奥斯克的入口处，2.3～3.3m 的深度范围内 q_{cN} 值为 87。随着深度的增加，在 2.3m 和 5.4m 内 q_{cN} 的平均值约为 112（$q_{c1Ncs}=145$）；在 2.6～5m 内的 q_{cN} 值约为 93（$q_{c1Ncs}=145$），其土体相较于深度为 4m 和 5m 的更为松散，q_{cN} 的平均值为 66（$q_{c1Ncs}=86$）。在横向 10～30m 范围内，厚度为 1m 的点约占整个区域点的 10%～30%；厚度为 2.4m 的点约占 4%～12%。该案例的 q_{cN} 数值可取 90，因为它的平均值包括 1.5m 和 2.4m 重要区间的平均值。q_{cN} 值变化率最小的地方就是该场地发生液化的位置。另外，在 3.4～4.4m 的深度之间，q_{cN} 值有明显增加，约为 90（$q_{c1Ncs}=191$）。

在其他案例中，如果地层破坏相对严重，选用地层的平均 q_{cN} 值可能更合适。一般来说，在目前的分析或对案例历史的解释中，特定地层的每个 q_{cN} 平均值是否合适，取决于地层的空间属性（如厚度、横向扩展、连续性）、场地变形、横向扩展和所需地层的斜坡不稳定性。

3.3.5　野生动物液化阵列液化场地数据分析

野生动物液化阵列（wildlife liquefaction array，WLA）站点的案例表明，在沉积岩比较复杂的情况下，选择的重要区间是假性抽象的。1981 年在威斯特摩兰发生的 WLA 和 1987 年在 Hills 发生的迷信山地震。在一个液体区域（喷水和横向扩散）中，在有大约 30m 距离的区域使用了几个 CPT。CPT、SPT 和实验室指示试验的结果来自 Youd 等[27]、Holzer 等[28]。

相关场地几乎是平坦的，但阵列中心离阿尔默河西岸约 23m 远。该地点由约 7m 的全新世洪水沉积物组成（2.5m 淤泥位于 4.2m 粉砂和粉质黏土上），可以通过反密度仪的记录和倾角仪观察到，液化发生在淤泥之下，深度在 7～20.6m。该地层上方 1m 处，粉质黏土和淤泥的颗粒值平均约为 78%，而淤泥的低层部分的颗粒约为 30%。三次探测的淤泥和粉质黏土地层的总平均值分别为 $q_{cN}=53$ 和 $q_{c1Ncs}=123$。该地点的 q_{c1Ncs} 值取 123，因在所有三个位置上，液化应该存在相当大的间隔，以形成观察到的地壳变化，并且每个 CPT 的薄弱区不是在相似的深度形成的。该方法与 Indriss 等[12] 用来解释该地区 SPT 数据的方法一致。值得注意的是，这一选择提供了 1987 年迷信山地震的值，与 SPT 解释类似，数字将略小于液化对应的临界值。

3.3.6 米勒农场和法里斯农场液化数据分析

米勒农场和法里斯农场是液化和扩散效应的边界被地质变化所影响的典型例子[29]。他们得出的结论是，地面破坏区域仅限于独立的洪水沉积物形成的区域。因此，在6m深度处，3例CPT测深刺激较长沉积物的 q_{cN} 值分别为26、76和46，q_{c1Ncs} 值分别为78、102和82，变化相对较小。根据这些探测结果，测点距离大约550m，数值包括了与河流平行的破坏区域。

未发生液化或因较厚的粉土沉积而导致土壤破坏的地区，其弹性模量为7MPa。这种淤泥具有明显的高 I_c 值，通常被识别为黏土。形成高塑性的淤泥沉积物的较老较深的砂层，其密度并不比年轻的洪水沉积物的 q_{cN} 值大，较老砂层的 q_{cN} 值为111，q_{c1Ncs} 在7～10m深度处为68。厚的淤泥地层有能力掩盖这种深层砂土的任何液化痕迹，这是数据库中可能存在潜在假阴性状态的一个例子。这个地点是Holzer等[29] 所使用的几个例子之一，说明横向扩展的边界通常是由地质方面的变化控制的。此外，它还显示了在地面破坏区域之外的短距离如何能够（或不能）表明变成液化的土体。为此，除非完全了解和考虑地质条件，否则使用位于破坏区外的CPT穿孔器对案例历史的解释有可能是错误的。因此，地质条件的考虑对液化触发非常重要。

3.3.7 马尔登街数据分析

1994年美国北岭地震期间，由于黏土晃动而导致圣费尔南多谷的马尔登街一带的地面出现塌陷[30-31]。该地的 PGA 估算值为0.51g，其在圣费尔南多谷的沉积最初是由周围山地山谷的洪水形成的，因此具有最初由山区参考物质确定的沉积纹理。马尔登街破坏区地下水位为3.9m，地下水位以下无全新世盐。钻孔中B单元的土体细粒 $FC>70\%$，平均塑性指数（PI）为18。B单元的不排水抗剪强度（S_u）是由Vaner现场试验和CPT获得。B单元的 S_u 通常小于50kPa。

他们采用Youd等[32] 的方法得出了 q_{c1Ncs} 的平均值为36，基于粉质砂的评价，平均值 $FC=27\%$。Holzer等[31] 和Orourke[30] 认为马尔登街道软黏土的松软/循环破坏是导致地面变形的因素之一。事实上，Orourke将此处称为地面破坏的一个重要例子，这是由于软黏土的侵蚀，而不是沉积物粘在一起的液化。

3.3.8 场地液化潜能分类

地震中的场地通常表现为液化、未液化和边缘液化。一些数据库将这些例子分别设计为有、无、有/无。除了奥克兰港的第七街码头（如下文所述）以外，其他性能分类均基于主要研究者进行的分类。所描述的液化的例子通常与可观察到的地面位置、破坏和横向位移的报告有关。

有一个例子可以描述为边缘液化。如果目前的信息表明，该地点的条件极有可能或接近物理发生或液化与未液化分离的条件。在数据库中只有两个例子被归类为边际性，因为在更多的现场条件下，描述一个边缘性的例子是很困难的。野外的液化区和未液化区经常被地质边界分开[29]。因此，数据可以用来描述液化和未液化的例子，而不能用于边缘液化情况。数据库中的两个边缘实例描述如下。

Kayen 等[33-34]的研究中描述了奥克兰港的第七街码头及其在 1989 年洛马普雷塔地震中的情况。这个地点位于公园（现在是一个野生动物公园）后面，距离较远。这些沙位于同一边缘长度的区域，宽度约为 20 米，与海湾的一些自由面变化和小型横向扩张有关。Kayen 指出，该地点在其他时候被归类为液化地点，但因为它非常接近公园的周长变化，根据表面观察，这应该被视为未液化点。这个地点在数据库中被作为一个边际的例子，因为土壤条件具有相似的地层和密度条件。数据库中的另一个边缘例子是 1975 年海城地震中的化纤厂。主要研究人员认为该厂是一个边缘液化样本，且目前已知信息还难以否定这一观点。

3.4　液化预测模型构建

本书将数据集划分为液化样本、未液化样本和未确定样本。从 176 个液化样本中选出 32 个作为 ANN 模型的测试集，32 个作为验证集，所选样本数约占液化样本的 18.2%；从 68 个未液化样本中选取 12 个作为模型的测试集，12 个作为验证集，所选样本数约占未液化样本的 16.7%。

此外，根据样本相似的统计特征，如平均值和平均变异系数（COV），将参数分为三部分，以提高训练后模型的准确性和判别能力。单层隐藏层的神经网络模型将结合反向传播算法进行训练[35-36]。此外，根据数据集评估液化潜力的 ANN 模型的评价准则为

$$T=\begin{cases}1 & \text{液化样本}\\ 0.5 & \text{未确定样本}\\ 0 & \text{未液化样本}\end{cases} \tag{3.10}$$

新的液化判别方程是采用响应面法（RSM）所提出。当前没有任何方法利用 RSM 对沙土液化进行判别。在本书中，将 RSM 用于评价输入参数与目标参数之间的相关性，ANN 模型则用于计算编码点。与其他研究者提出的判别模型相比，本书提出的新方程有以下两个优点：

（1）通过探索和增加 CAV_5 和 r_{rup} 两个新参数，考虑了地震的某些特性，如近断层地点和地震运动的频率含量。

（2）由于方程直接使用参数实现液化判别，而非使用 CRR 和 CSR 值，因此更容易应用于实际工程中。

由于式（3.10）是直接使用参数实现液化判别，因此在参数敏感性分析过程中需要额外考虑统计和概率方面，相反，当采用 CRR 和 CSR 值进行液化判别时，仅能考虑模型的不确定性，而非考虑参数的不确定性。

在本书中，最终的方程式采用常用的带交叉项的二次多项式，见式（3.3）。式中 α 值选取常用的 0.05，这意味着，若测试统计量的 P 值小于 0.05 时，则拒绝原假设，而原假设为输入值和目标值之间没有相关性，需要剔除 P 值大于 0.05 的表达式。根据式（3.10），采用以下数值评估 ANN 和 RSM 的结果：

$$\begin{cases} T<0.4 & 未液化 \\ T>0.6 & 液化 \\ 0.4\leqslant T\leqslant 0.6 & 未确定 \end{cases} \tag{3.11}$$

3.5 模型预测结果分析

所构建的ANN模型不仅应用于RSM方程中DOE编码值的测量，还是MCS敏感性分析的基础。将地震参数、几何参数、土体特性等11个参数作为模型的输入参数，见表3.2。模型结果由式（3.11）判定。

表3.2 变量的统计特征值

输入变量	均值	标准偏差	最小值	最大值	*COV* 均值	分布函数
M_w	6.8	0.51	5.9	7.7	0.075	正态分布
PGA/g	0.465	0.06975	0.09	0.84	0.15	正态分布
r_{rup}/km	26.23	0	1	51.46	0	未知
CAV_5/(m/sec)	29.78	2.978	1.2	58.36	0.1	正态分布
T/m	3.25	0	0.3	6.2	0	未知
GWT/m	3.7	0	0.2	7.2	0	未知
σ_v/kPa	117	17.55	24	210	0.1	正态分布
σ'_v/kPa	83	12.45	19	147	0.15	正态分布
FC/%	42.5	8.5	0	85	0.3	正态分布
q_{c1N}	162.7	32.54	13.6	311.8	0.2	正态分布

注 表中 r_{rup}、T和GWT为定值。变量 CAV_5 的 *COV* 值比 *PGA* 的 *COV* 值小0.1[14]。

采用构建的ANN模型预测DOE样本中的目标值，并利用RSM分析法拟合得出一个带有交叉项的二次多项式的一般方程，且具有良好的预测能力和精度，见式（3.3）。该方程将10个输入参数（DOE的编码值）和响应值（通过ANN计算）联系起来。最后，采用MCS对参数进行敏感性分析，以确定参数值及其不确定性对地震运动引起的砂土液化概率（*PL*）的影响。

3.5.1 评估液化触发的RSM方程式

RSM的首次分析会生成66个表达式。这些表达式可通过假设检验将 *P* 值大于0.05的表达式剔除，再反复进行RSM分析，直到最终方程由49个表达式呈现，见表3.3。

表3.3 评估液化潜力的最终RSM方程式

项	定值	M_w	PGA	r_{rup}	CAV_5	T	GWT
系数	0.12	0.074	0.611	0.098	1.41E-05	−0.13	0.167
项	σ	σ'	FC	q_{c1N}	$PGA*PGA$	$\sigma'*\sigma'$	$FC*FC$
系数	0.20	−0.159	0.181	−0.593	−0.364	0.09	0.214

续表

项	$r_{rup}q_{c1N}*q_{c1N}$	M_w*PGA	M_w*r_{rup}	M_w*CAV_5	M_w*T	M_w*GWT	$M_w*\sigma'$
系数	0.181	−0.194	0.257	0.228	−0.107	−0.113	0.107
项	M_w*FC	M_w*q_{c1N}	$PGA*r_{rup}$	$PGA*CAV_5$	$PGA*$T	$PGA*$GWT	$PGA*\sigma$
系数	0.174	−0.267	0.313	0.347	0.254	−0.146	−0.144
项	$PGA*\sigma'$	$PGA*FC$	$r_{rup}*CAV_5$	$r_{rup}*$T	$r_{rup}*$GWT	$r_{rup}*\sigma$	$r_{rup}*FC$
系数	0.12636	−0.18	−0.264	−0.164	0.199	−0.102	0.33
项	$r_{rup}*q_{c1N}$	CAV_5*T	CAV_5*GWT	$CAV_5*\sigma$	CAV_5*FC	CAV_5*q_{c1N}	T$*\sigma$
系数	0.37	−0.405	0.312	−0.111	0.126	0.111	0.14
项	T$*\sigma'$	T$*FC$	GWT$*\sigma'$	GWT$*FC$	$\sigma*FC$	$\sigma*q_{c1N}$	$\sigma'*FC$
系数	−0.149	0.106	0.259	0.253	−0.151	−0.178	0.203

ANN 模型的相关系数（R^2）为 0.70，调整后的 R^2 为 0.66，揭示了不同数量预测因子的回归模型的性能，并且小于调整前的 R^2。证明了方程的高准确度。

为验证 RSM 方程和 ANN 模型的准确性和能力，将预测结果与三个著名的模型进行比较[37-39]，用于模型测试的案例样本见表 3.4。表 3.4 中的 44 个数据样本用于验证 RSM 方程和 ANN 模型的准确性，其中液化样本 32 个、未液化样本 12 个，这些数据并未用于模型的训练和方程的建立。

表 3.4　　用于模型测试的案例样本

地　震	M_w	a_{max}/g	r_{rup}	CAV_5	T	GWT	σ	σ'	FC	q_{c1N}	液化
洛马普雷塔	6.93	0.12	43.77	3.26	1.6	6.4	131	123	9	49.6	0
迷信山	6.54	0.18	17.93	3.62	0.6	2.1	42	39	18	97.4	0
埃奇康布	6.6	0.26	11.35	3.66	0.6	4.4	83	80	5	149.7	0
洛马普雷塔	6.93	0.28	17.74	7.72	1	3.4	68	63	1	191.3	0
洛马普雷塔	6.93	0.28	17.74	7.72	0.6	3.7	83	73	1	107.7	0
达菲尔德	7	0.21	26.23	5.98	1.1	1	51	34	11	106.4	0
唐山	7.6	0.26	20.44	16.67	1.2	3.5	119	89	2	163.1	0
洛马普雷塔	6.93	0.28	17.74	7.72	1	1.7	45	37	4	134.6	0
洛马普雷塔	6.93	0.28	17.74	7.72	1	1.4	64	43	4	142.4	0
洛马普雷塔	6.93	0.38	11.12	11.44	4	3.5	97	79	9	87.6	0
兵库县南部	6.9	0.65	−1.33	18.81	1.3	2	68	51	0	165.1	0
兵库县南部	6.9	0.7	1	19	2	2.5	93	68	0	163.5	0
洛马普雷塔	6.93	0.13	40.72	3.50	1.4	5	160	124	13	35.1	1
维多利亚	6.33	0.19	14.12	3.30	3.2	2.2	54	46	52	29	1
克赖斯特彻奇	6.2	0.172	19.02	2.49	1.5	1.6	79	53	6	67	1
洛马普雷塔	6.93	0.22	23.88	5.87	2.1	3.4	82	72	4	93.3	1
克赖斯特彻奇	6.2	0.177	18.44	2.56	1.85	1.9	41	36	8	59.8	1

续表

地　震	M_w	a_{max}/g	r_{rup}	CAV_5	T	GWT	σ	σ'	FC	q_{c1N}	液化
洛马普雷塔	6.93	0.21	25.17	5.58	4.2	2.1	112	73	10	51.1	1
达菲尔德	7	0.231	23.52	6.63	1.15	1.4	47	35	5	70.9	1
洛马普雷塔	6.93	0.28	17.74	7.72	1.5	3	116	84	3	61.6	1
达菲尔德	7	0.217	25.28	6.19	4.25	1.4	116	70	26	61.9	1
洛马普雷塔	6.93	0.28	17.74	7.72	0.6	2.8	99	73	3	24.4	1
洛马普雷塔	6.93	0.36	12.21	10.63	3	4.9	105	97	27	36.6	1
洛马普雷塔	6.93	0.28	17.74	7.72	3.6	1.8	64	47	1	73.2	1
韦斯特莫兰	5.9	0.26	5.37	3.47	4.4	1.2	90	54	30	70.9	1
洛马普雷塔	6.93	0.28	17.74	7.72	0.6	2.4	204	120	30	42.1	1
洛马普雷塔	6.93	0.28	17.74	7.72	0.6	1.8	92	60	4	114.7	1
克赖斯特彻奇	6.2	0.339	7.53	5.15	2	2.3	81	60	7	34.4	1
洛马普雷塔	6.93	0.28	17.74	7.72	0.6	1.4	155	87	30	46.5	1
克赖斯特彻奇	6.2	0.346	7.25	5.27	3.2	2.4	162	101	11	60.4	1
柯杰利	7.51	0.4	7.95	30.73	1	1.7	45	37	15	44.1	1
柯杰利	7.51	0.37	9.81	26.65	1.2	1	33	25	16	21.8	1
柯杰利	7.51	0.4	7.95	30.73	3	0.8	92	51	11	75.5	1
集集	7.62	0.38	16.69	24.42	1	1	46	31	38	34	1
兵库县南部	6.9	0.37	6.85	12.82	2	2	125	76	2	87.3	1
兵库县南部	6.9	0.45	3.70	16.48	1.5	2.1	86	60	28	55.4	1
兵库县南部	6.9	0.4	5.55	14.26	3	1.5	102	62	36	32.3	1
埃奇康布	6.6	0.42	4	6.46	1.5	1.6	144	84	5	82.9	1
埃奇康布	6.6	0.43	3.69	6.61	3	0.5	50	29	1	56.8	1
博拉峰	6.88	0.5	2.12	11.09	1.6	0.8	44	29	20	96.7	1
唐山	7.6	0.64	1	56.23	1.1	3.7	109	85	5	70.9	1
唐山	7.6	0.61	1	57.89	1.2	0.9	36	24	9	64.6	1
洛马普雷塔	7.62	0.25	30.79	13.77	3	3.5	98	79	61	23	1
迷信山	7	0.239	22.59	6.89	1.2	0.9	34	25	9	49.1	1

将本书的结果与其他三个模型进行了比较，见表3.5。从结果中可以看出，其他三个模型的性能均在80%以下，R&W模型的预测精度仅70.45%。而ANN模型与RSM模型的预测精度都达到了90%以上。其中，ANN模型中未液化样本有两个判定为液化，一个判定不确定；液化样本中一个样本判定为非液化。RSM模型中未液化样本有一个判定不确定；液化样本中一个样本判定为非液化，两个样本判定为不确定。这表明，本书所提出的方法在很大程度上提高了模型的预测精度，验证了所提方法的有效性。

表 3.5　本书的结果与另外三个模型的比较

编号	地震名称	液化	CSR	R&W 模型		Juang 模型		Rezania 模型		T_{ANN}		T_{RSM}	
				CRR1	判别	CRR2	判别	CRR3	判别	T 值	判别	T 值	判别
1	洛马普雷塔	0	0.075	0.1	1	0.1	1	0.23	1	−0.26	0	0.23	0
2	迷信山	0	0.123	0.32	1	0.27	1	0.11	0	0.07	0	0.2	0
3	埃奇康布	0	0.165	0.48	1	0.41	1	1.06	1	0.12	0	−0.16	0
4	洛马普雷塔	0	0.188	0.91	1	0.83	1	5.07	1	−0.07	0	−0.23	0
5	洛马普雷塔	0	0.196	0.21	1	0.2	1	0.28	1	0.71	1	0.21	0
6	达菲尔德	0	0.201	0.24	1	0.22	1	0.12	0	0.47	Null	0.42	Null
7	唐山	0	0.215	0.47	1	0.53	1	2	1	−0.51	0	−0.33	0
8	洛马普雷塔	0	0.216	0.34	1	0.29	1	0.27	1	0.19	0	0.32	0
9	洛马普雷塔	0	0.26	0.39	1	0.34	1	0.41	1	0.26	0	0.36	0
10	洛马普雷塔	0	0.283	0.16	0	0.16	0	0.21	0	1.04	1	0.39	0
11	兵库县南部	0	0.545	0.59	1	0.51	0	1.17	1	−0.01	0	0.26	0
12	兵库县南部	0	0.584	0.57	0	0.51	0	1.51	1	0.23	0	0.34	0
13	洛马普雷塔	1	0.096	0.09	0	0.09	0	0.21	1	0.39	0	0.86	1
14	维多利亚	1	0.139	0.15	1	0.13	0	0.07	0	0.62	1	0.69	1
15	克赖斯特彻奇	1	0.157	0.12	0	0.10	0	0.10	0	0.69	1	0.67	1
16	洛马普雷塔	1	0.157	0.16	1	0.16	1	0.21	1	0.68	1	0.19	0
17	克赖斯特彻奇	1	0.16	0.10	0	0.09	0	0.06	0	0.81	1	0.64	1
18	洛马普雷塔	1	0.193	0.10	0	0.09	0	0.13	0	0.61	1	0.65	1
19	达菲尔德	1	0.195	0.12	0	0.11	0	0.07	0	1.02	1	0.63	1
20	洛马普雷塔	1	0.201	0.11	0	0.11	0	0.16	0	0.79	1	0.69	1
21	达菲尔德	1	0.218	0.19	0	0.19	0	0.13	0	0.86	1	0.6	Null
22	洛马普雷塔	1	0.232	0.07	0	0.06	0	0.11	0	0.95	1	0.95	1
23	洛马普雷塔	1	0.237	0.12	0	0.13	0	0.16	0	0.98	1	0.62	1
24	洛马普雷塔	1	0.24	0.12	0	0.11	0	0.10	0	0.98	1	0.71	1
25	韦斯特莫兰	1	0.258	0.3	1	0.24	0	0.11	0	0.78	1	0.67	1
26	洛马普雷塔	1	0.26	0.14	0	0.16	0	0.21	0	0.79	1	1	1
27	洛马普雷塔	1	0.261	0.24	0	0.22	0	0.27	1	0.83	1	0.47	Null
28	克赖斯特彻奇	1	0.279	0.08	0	0.07	0	0.09	0	1.15	1	0.97	1
29	洛马普雷塔	1	0.288	0.16	0	0.16	0	0.15	0	0.78	1	0.85	1
30	克赖斯特彻奇	1	0.304	0.12	0	0.12	0	0.20	0	0.88	1	1.07	1
31	柯杰利	1	0.311	0.1	0	0.09	0	0.06	0	0.89	1	0.87	1
32	柯杰利	1	0.314	0.08	0	0.07	0	0.03	0	0.96	1	1.05	1
33	柯杰利	1	0.338	0.14	0	0.13	0	0.11	0	1.03	1	0.74	1
34	集集	1	0.36	0.13	0	0.13	0	0.04	0	0.98	1	0.74	1

续表

编号	地震名称	液化	CSR	R&W 模型		Juang 模型		Rezania 模型		T_{ANN}		T_{RSM}	
				CRR1	判别	CRR2	判别	CRR3	判别	T 值	判别	T 值	判别
35	兵库县南部	1	0.36	0.15	0	0.14	0	0.2	0	0.9	1	0.93	1
36	兵库县南部	1	0.396	0.18	0	0.17	0	0.11	0	0.95	1	0.75	1
37	兵库县南部	1	0.396	0.13	0	0.13	0	0.1	0	0.86	1	1.03	1
38	埃奇康布	1	0.413	0.14	0	0.14	0	0.21	0	0.94	1	1.09	1
39	埃奇康布	1	0.48	0.1	0	0.09	0	0.05	0	1.3	1	1.61	1
40	博拉峰	1	0.493	0.33	0	0.29	0	0.08	0	0.99	1	0.72	1
41	唐山	1	0.51	0.11	0	0.12	0	0.18	0	0.84	1	1.36	1
42	唐山	1	0.576	0.11	0	0.1	0	0.04	0	0.91	1	1.56	1
43	集集	1	0.195	0.12	0	0.13	0	0.12	0	1.41	1	0.88	1
44	达菲尔德	1	0.212	0.1	0	0.08	0	0.04	0	1.14	1	0.83	1
预测精度				70.45%		77.27%		72.73%		90.91%		90.91%	

注 CRR1 由文献［37］计算得到；CRR2 由文献［38］计算得到；CRR3 由文献［39］计算得到。Null 表示不确定，计算预测精度时，认为判别错误；“0”表示未液化；“1”表示液化。

ANN 模型和 RSM 方程见表 3.6，其他三个模型的结果汇总见表 3.7。可以看出，存在不确定样本时，这些模型的结果是不可靠的，因此，建议考虑其他模型。从表 3.7 和表 3.8 可以看出，在 44 个案例中，ANN 模型有 2 个判别错误，1 个判别未确定；RSM 方程 1 个判别错误，2 个判别未确定。相比之下，Robertson 等[37]、Juang 等[38] 和 Rezania 等[39] 的模型分别有 5 个、6 个、4 个判别错误。在本书中提出的模型所预测的疑惑情况下，也可以考虑其他模型。

表 3.6　ANN 模型和 RSM 方程的判别结果

模型	样本总量	判别正确样本	判别错误样本	未确定样本
ANN	44	41	2	1
RSM	44	41	1	2

表 3.7　其他三个模型结果判别结果

模　型	样本总量	判别正确样本	判别错误样本
Robertson[37]	44	39	5
Juang.[38]	44	40	4
Rezania.[39]	44	38	6

3.5.2　蒙特卡罗模拟法实现敏感性分析

敏感性分析是在给定的一组假设下，分析自变量的不同值对一个特定因变量的影响。在可持续发展的背景下，若不考虑不确定性，可能会做出一些不计后果的决策。因此采用蒙特卡罗（MCS）法进行敏感性分析，量化土体性质、几何条件和地震参数等不确定因

素对 PL 的影响。MCS法的局限性是需要大量的样本做支撑，但由于液化数据取样和测试的程序烦琐，且数据采集站点稀少，使得液化数据较少。为了克服其中不足，利用ANN模型将数据库中现有样本进行训练后，再进行敏感性分析。

由于 r_{rup}、T和GWT是直接测量所得，因此在所有参数中，可不考虑其不确定性。此外，Juang等[40] 使用标准的统计方法来寻找变量之间的相关系数，并利用MCS法建立一个相关性矩阵。Juang等[41] 研究表明，σ_v' 和 σ_v 之间的相关系数以及 a_{max} 和 M_w 之间的相关系数为0.9。此外，q_{c1N} 与 σ_v、σ_v' 之间的相关系数分别为0.2和0.3。σ_v' 和 σ_v、q_{c1N} 和 σ_v'、q_{c1N} 和 σ_v' 以及 a_{max} 和 M_w 之间的相关系数分别设为0.95、0.2、0.3和0.9[40]。

Lumb[42] 和Tan等[43] 研究表明，若将土体特性作为变量考虑，且变异系数很小时，可将误差忽略不计，只需提供其正态分布函数。因此，所有的变量都假设服从正态分布。在本书中，根据表3.2，将10个输入参数均定义为变量，则液化概率（PL）估计如下：

$$PL=\frac{N_L}{N_T} \tag{3.12}$$

式中　N_L——液化样本数量；

N_T——样本总量。

敏感性分析是通过改变目标变量的平均值或变异系数实现的，而其余变量则以其平均值和平均 COV 值来确认。不同变量的敏感性分析结果如图3.2～图3.11所示，q_{c1N} 对液化预测有一定影响。在本书中收集的数据集的范围内，从图3.11可以看出，将 q_{c1N} 值从136增加到311.8时，触发液化的概率（PL）从99.5%下降到接近0%。此外，在 $q_{c1N}=$

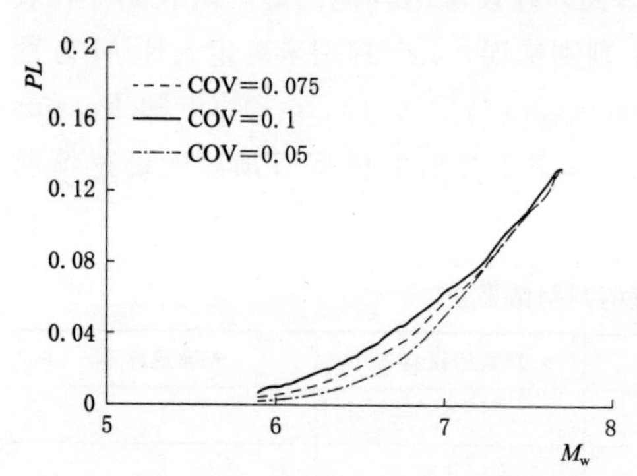

图3.2　震级大小与液化触发概率

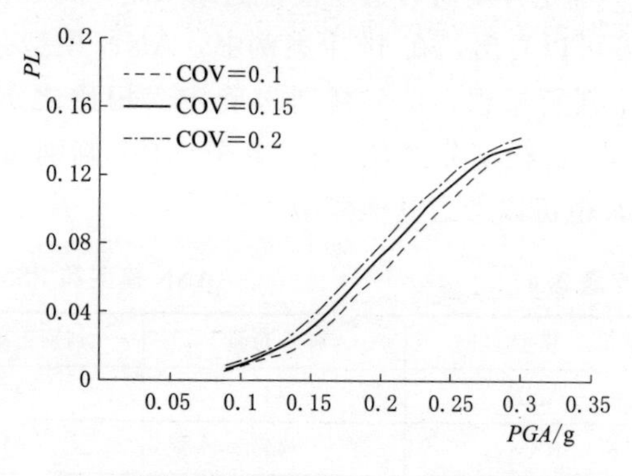

图3.3　峰值地面加速度与液化触发概率

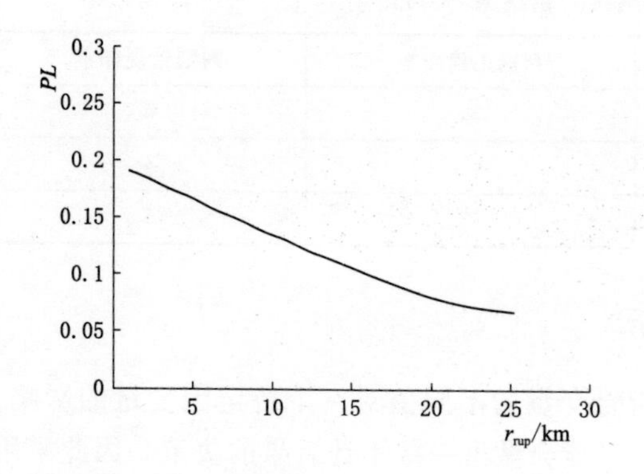

图3.4　最近破裂距离与液化触发概率

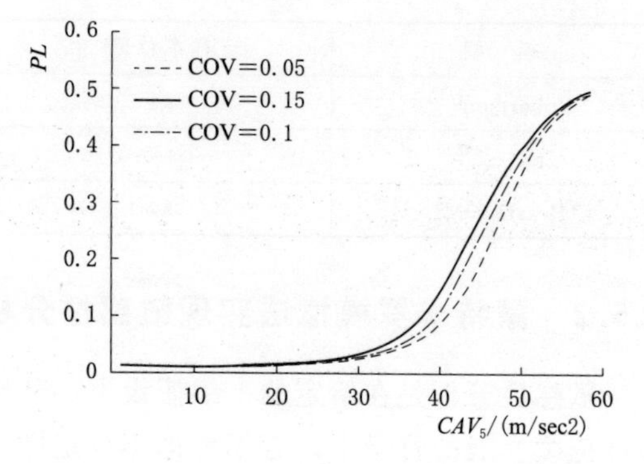

图3.5　标准化累计绝对加速度与液化触发概率

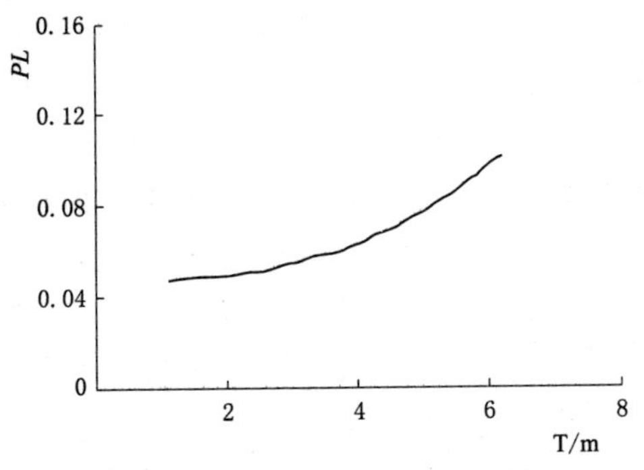

图 3.6 可液化土体厚度与液化触发概率

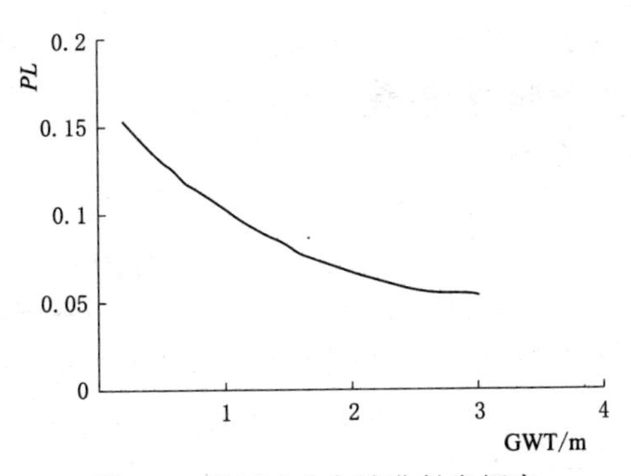

图 3.7 地下水位与液化触发概率

130 的临界值中，将 COV 值从 0.1 增加到 0.2，再增加到 0.3 时，触发液化的概率（PL）从 3%增长到 9%，再到 15.5%。这意味着，当 COV 值增加 20%时，PL 增长 12.5%。

图 3.8 和图 3.9 说明了 σ_v' 和 σ_v 的不确定性对 PL 的影响可以忽略不计。然而，当 CAV_5 处于 40～50m/s 的临界范围内时，如图 3.5 所示，通过将 COV 从 5%增加到 15%，将 COV 增加 10%，PL 增加约 8%。很明显，该参数通过使 PL 在数据集中呈现的 CAV_5 范围内增加 50%，从而对 PL 产生了很大的影响。当 PGA 从 0.1 增长到 0.3 时，PL 显示出 14%的增长，如图 3.3 所示，COV 增加 10%，结果显示 PL 增长约 1.5%。随着 M_w 从 5.9 上升到 7.7，PL 从 0 增加到 14%。此外，对于大约 6.8 的幅度，通过增加 COV 中的任何 2.5%，最大值影响的不确定性增加了约 1%。

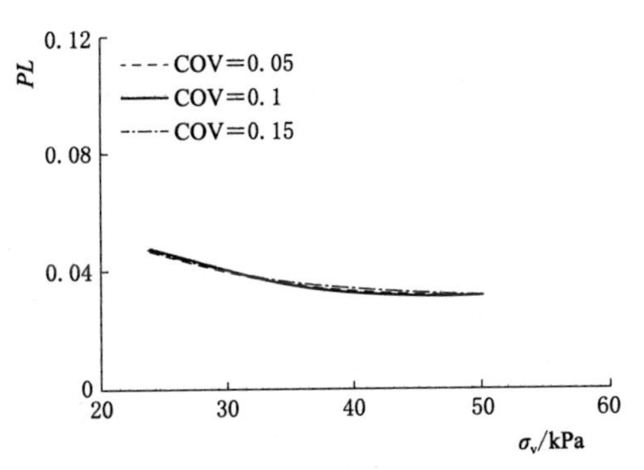

图 3.8 效覆盖应力与液化触发概率

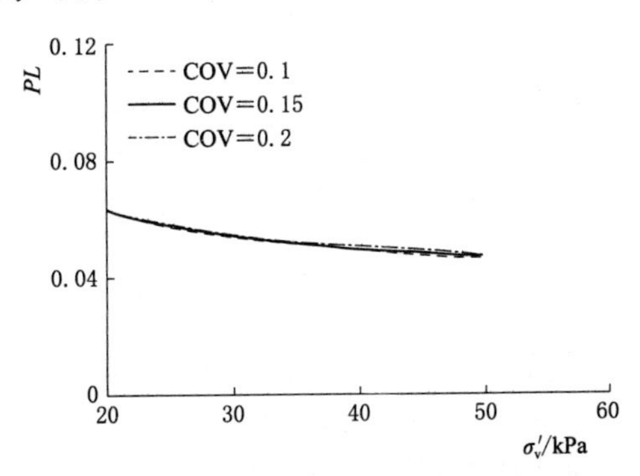

图 3.9 有效覆盖层应力与液化触发概率

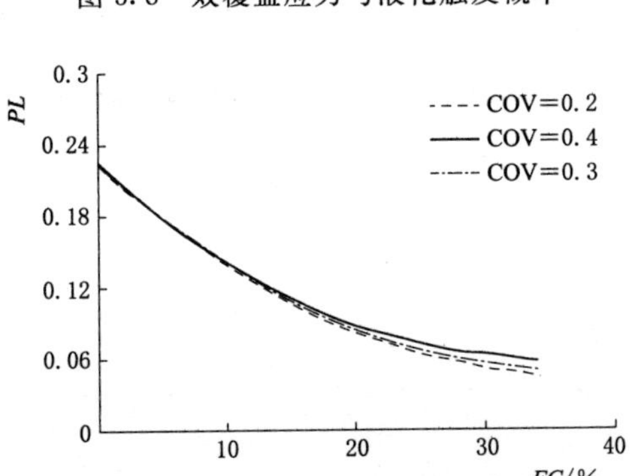

图 3.10 细粒含量与液化触发概率

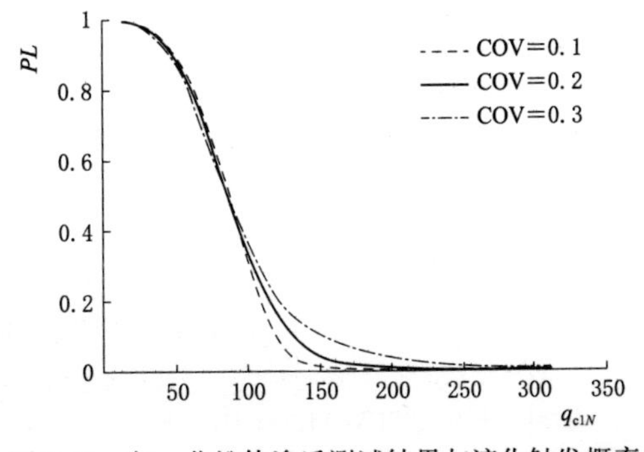

图 3.11 归一化锥体渗透测试结果与液化触发概率

3.6 本章总结

在岩土工程专业中，灾害风险的评估模型可在减轻液化等地震危害方面做出卓越贡献[29]。为了实现这一目标，本书提出一种基于 RMS 的直接利用影响参数评估液化触发的方法。这些参数包括全球地震液化场地的地震参数（M_w、r_{rup}、CAV_5 和 PGA）、土壤特性（$q_{c1N,FC}$）和几何条件（σ'_v、σ_v、T、GWT）。为了开发这个模型，本书使用了一个大型数据库，其中包括各种 CPT 数据库的地震案例历史。通过引入 CAV_5 和 r_{rup} 参数，对地震特性进行了全面考量，深入分析了断层类型、近断层效应和地震力周期性作用的影响。然后，将推导方程和 ANN 模型与三个现有模型进行比较，以显示其识别能力和准确性。

所提出的 RSM 和 ANN 模型在预测液化触发方面获得了合理的性能，在 44 个案例中分别提供了 41 个和 42 个正确的预测，并且只有 1 个错误的预测。此外，使用土壤性质、几何条件和地震参数来研究它们与直接触发液化（PL）概率的相关性，而不使用 CSR 和 CRR。通过参数灵敏度分析展示这些参数对 PL 的直接影响。根据研究结果，得出以下结论：

（1）RSM 是研究液化现象的有力工具和方法。从其结果与其他模型的结果的比较中可以看出这一点。

（2）在所有参数中，归一化锥体渗透试验结果尖端（q_{c1N}）是必不可少的因素，对 PL 的影响最大，与第 2 章因素敏感性分析结论一致。

（3）在本书考虑的地震参数中，标准化累积绝对速度（CAV_5）对 PL 的影响最为显著。相比之下，震级（M_w）、峰值水平地面加速度（PGA）和断层距（r_{rup}）的影响较小。

（4）相比其他因素，q_{c1N} 和 CAV_5 的不确定性对 PL 有相当大的影响。

参考文献

[1] 黄新仁. 响应面法在生物过程优化中的应用 [D]. 长沙：湖南大学，2011.

[2] 程正军. 运用响应曲面法优化有机污染物吸附过程参数及其吸附平衡和动力学研究 [D]. 成都：西南石油大学，2015.

[3] 苏柘僮，刘英，徐佳丽，等. 应用 Box - Behnken 设计优化地榆皂苷的闪式提取工艺研究 [J]. 中草药，2012 (3)：501 - 504.

[4] 别海燕，王宏丽，王英婷. 星点设计-响应面法优化盐酸氮卓斯汀温敏型原位凝胶滴眼液处方 [J]. 中国新药杂志，2016，25 (8)：7.

[5] HORNIK K，STINCHCOMBE M，WHITE H. Multilayer feedforward networks are universal approximators [J]. Neural Networks，1989，2 (5)：359 - 366.

[6] LEVENBERG K. A method for the solution of certain non - linear problems in least squares [J]. Quarterly of Applied Mathematics，1944，2 (2)：164 - 168.

[7] Documenting Incidents of Ground Failure Resulting from the Aug. 17，1999，Kocaeli，Turkey Earthquakelast accessed 9/2013 [DB/OL]. 2000.

[8] CHU D B，STEWART J P，LEE S，et al. Documentation of soil Conditions at Liquefaction Sites from 1990 Chi - Chi，Taiwan Earthquake [J]. Soil Dynamics and Earthquake Engineering，2004，

24 (9 - 10): 647 - 657.

[9] SANCIO R B. Ground failure and building performance in Adapazari [D]. Berkeley: University of California, Berkeley, 2003: 790.

[10] GREEN R A, CUBRINOVSKI M, COX B, et al. Select liquefaction case histories from the 2010—2011 Canterbury earthquake sequence [J]. Earthquake Spectra, 2014, 30 (1): 131 - 153.

[11] COX B R, BOULANGER R, TOKIMATSU K, et al. Liquefaction at strong motion stations and in Urayasu City during the 2011 Tohoku - Oki earthquake [J]. Earthquake Spectra, 2013, 29 (S1).

[12] BOULANGER R, IDRISS I. CPT and SPT based liquefaction triggering procedures [J]. Report No. UCD/CGM - 14/01, 2014.

[13] ROBERTSON P K, WRIDE C E. Cyclic liquefaction and its evaluation based on SPT and CPT [J]. NCEER Workshop on Evaluation of Liquefaction Resistance of Soils. 1997: 41 - 88.

[14] KRAMER S L, MITCHELL R A. Ground Motion Intensity Measures for Liquefaction Hazard Evaluation [J]. Earthquake Spectra, 2006, 22 (2): 413 - 438.

[15] SADIGH K, CHANG CY, EGAN J A, et al. Attenuation relationships for shallow crustal earthquakes based on California strong motion data [J]. Seismological Research Letters, 1997, 68 (1): 180 - 189.

[16] CHIOU B, DARRAGH R, GREGOR N, et al. NGA project strong - motion database [J]. Earthquake Spectra, 2008, 24 (1): 23 - 44.

[17] ANCHETA T D, DARRAGH R B, STEWART J P, et al. NGA - West 2 database [J]. Earthquake Spectra, 2014, 30 (3): 989 - 1005.

[18] ENGDAHL E R, VILLASENOR A. Global seismicity: 1900—1999 [J]. International Handbook of Earthquake and Engineering Seismology, 2002: 665 - 690.

[19] 王德才. 基于能量分析的地震动输入选择及能量谱研究 [D]. 合肥：合肥工业大学，2010.

[20] WORDEN C B, WALD D J, ALLEN T I, et al. Integration of macroseismic and strong - motion earthquake data in ShakeMap for real - time and historic earthquake analysis. USGS 2010.

[21] REED J W, KASSAWARA R P. A criterion for determining exceedance of the operating basis earthquake [J]. Nuclear Engineering and Design, 1990, 123 (2 - 3): 387 - 396.

[22] O'HARA T F, JACOBSON J P. Standardization of the cumulative absolute velocity [R]. Electric Power Research Inst., Palo Alto, CA (United States); Yankee Atomic Electric Co., Bolton, MA (United States), 1991.

[23] LUCO N, CORNELL C A. Structure - Specific Scalar Intensity Measures for Near - Source and Ordinary Earthquake Ground Motions [J]. Earthquake Spectra, 2007, 23 (2): 357 - 392.

[24] CHAMEAU J L A, CLOUGH G W, FROST J D. Liquefaction characteristics of San FranciscoBayshore fills [M]. US Geological Survey professional paper, 1998, 1551: 9.

[25] BOULANGER R, SEED R B. Liquefactionof Sand under Bidirectional Monotonic and Cyclic Loading [J]. Journal of Geotechnical Engineering, 1995, 121 (12): 870 - 878.

[26] BOULANGER R W, MEJIA L H, IDRISS I M. Liquefaction at Moss Landing during Loma Prieta Earthquake [J]. Journal of Geotechnical and Geoenvironmental Engineering, 1997, 123 (5): 453 - 467.

[27] YOUD T L, BENNETT M J. Liquefaction Sites, Imperial Valley, California [J]. Journal of Geotechnical Engineering, 1983, 109 (3): 440 - 457.

[28] HOLZER T L, YOUD T L. Liquefaction, Ground Oscillation, and Soil Deformation at the Wildlife Array, California [J]. Bulletin of the Seismological Society of America, 2007, 97 (3):

961 - 976.

[29] HOLZER T L, BENNETT M J. Geologic and hydrogeologic controls of boundaries of lateral spreads: Lessons from USGS liquefaction case histories [C]. Proc., 1st North American Landslide Conf., R. Schuster, and A. Turner. 2007: 502 - 522.

[30] O'ROURKE T D. An overview of geotechnical and lifeline earthquake engineering [M]. 1998, 1392 - 1426.

[31] HOLZER T L, BENNETT M J, PONTI D J, et al. Liquefaction and Soil Failure During 1994 Northridge Earthquake [J]. Journal of Geotechnical and Geoenvironmental Engineering, 1999, 125 (6): 438 - 452.

[32] YOUD T L. Liquefaction resistance of soils: Summary report from the 1996 NCEER and 1998 NCEER/NSF workshops on evaluation of liquefaction resistance of soils [J]. Geotech. Geoenviron. Eng., 2001: 127: 297.

[33] KAYEN R B, MITCHELL J K, SEED R B, et al. Soil liquefaction in the east bay during the earthquake [J]. 1998: B61 - B86.

[34] KAYEN R E, MITCHELL J K. Assessment of Liquefaction Potential during Earthquakes by Arias Intensity [J]. Journal of Geotechnical and Geoenvironmental Engineering, 1997, 123 (12): 1162 - 1174.

[35] GOH A T C. Seismic Liquefaction Potential Assessed by Neural Networks [J]. Journal of Geotechnical Engineering, 1994, 120 (9): 1467 - 1480.

[36] WANG J, RAHMAN M S. A neural network model for liquefaction - induced horizontal ground displacement [J]. Soil Dynamics and Earthquake Engineering, 1999, 18 (8): 555 - 568.

[37] ROBERTSON P K, WRIDE C E. Cyclic liquefaction and its evaluation based on SPT and CPT [J]. NCEER Work - shop on Evaluation of Liquefaction Resistance of Soils, 1997: 41 - 88.

[38] JUANG C H, YUAN H M, LEE D H, et al. Simplified Cone Penetration Test - based Method for Evaluating Liquefaction Resistance of Soils [J]. Journal of Geotechnical and Geoenvironmental Engineering, 2003, 129 (1): 66 - 80.

[39] REZANIA M, FARAMARZI A, JAVADI A A. An evolutionary based approach for assessment of earthquake - induced soil liquefaction and lateral displacement [J]. Engineering Applications of Artificial Intelligence, 2011, 24 (1): 142 - 153.

[40] JUANG C H, ROSOWSKY D V, TANG W H. Reliability - Based Method for Assessing Liquefaction Potential of Soils [J]. Journal of Geotechnical and Geoenvironmental Engineering, 1999, 125 (8): 684 - 689.

[41] JUANG C H, YANG S H, YUAN H, et al. Characterization of the uncertainty of the Robertson and Wride model for liquefaction potential evaluation [J]. Soil Dynamics and Earthquake Engineering, 2004, 24 (9 - 10): 771 - 780.

[42] LUMB P. The Variability of Natural Soils [J]. Canadian Geotechnical Journal, 1966, 3 (2): 74 - 97.

[43] TAN C P, DONALD I B, Melchers R E. Probabilistic Slope Stability Analysis - State of Play [C]. Proceedings of the Conference on Probabilistic Methods in Geotechnical Engineering, Canberra, Australia, 1993: 89 - 110.

第 4 章

基于神经网络的地震液化侧移灾害风险分析

地震引起的土壤液化会使土体失去抗剪强度，土体相对于周围土体发生相对运动的现象称为液化侧移。在多次地震液化调查中发现，液化侧移是造成桥梁、公路、地下管道和河道等生命线工程造成严重破坏的根本原因。一些研究工作已经表明，细粒含量 FC 对土壤抗液化阻力有影响。在 FC 含量低于 28%的土壤中，FC 与液化潜力之间存在显著的依赖关系，而对于 FC 大于 28%的土样中，液化阻力对相对密实度（D_r）的依赖性高于 FC 小于 28%的土样。但是目前所有可用的估计 D_H 的经验和半经验模型都包含了 FC 的整个参数范围，没有任何限制。此外，标准化累积绝对速度（CAV_5）对可液化砂土中地震运动引起的超孔隙水压力的预测更为有效和充分，可以用于液化侧移预测模型中来提高模型精度。因此，本章在构建地震液化侧移风险预测模型中考虑了 FC 和 CAV_5。最后，评估参数及其不确定性的影响，并进行参数敏感性分析。

4.1 方法简介与回归模型性能评估指标

本章采用的神经网络方法简介见 3.2 节。为了验证和比较这些模型，采用相关系数（R）、平均绝对误差（MAE）和均方根误差（$RMSE$）这三个评价指标来评估模型的性能。这些评价指标通过下列公式计算：

$$R=\frac{\sum_{i=1}^{n}(q_i-\overline{q})(u_i-\overline{u})}{\sqrt{\sum_{i=1}^{n}(q_i-\overline{q})^2(u_i-\overline{u})^2}} \tag{4.1}$$

$$MAE=\frac{1}{n}\sum_{i=1}^{n}\mid q_i-u_i\mid \tag{4.2}$$

$$RMSE=\sqrt{\frac{\sum_{i=1}^{n}(q_i-u_i)^2}{n}} \tag{4.3}$$

式中　n——收集的数据集总数；

q_i——试验/测量值；

$\overline{q}$——试验/测量值的平均值；

u_i——预测值；

$\overline{u}$——预测值的平均值；

R——一个统计指标，代表一个模型用自变量描述的因变量方差百分比；

MAE——模型预测值与实际值之间误差和的平均值；

$RMSE$——误差的标准差。

R 值越大，MAE 和 $RMSE$ 值越小，表明预测结果的精度越高。

4.2　地震液化侧移数据库介绍

Bartlett 等[1] 收集了 4 次美国和 4 次日本地震的液化侧移案例，包括 267 个标准贯入试验（SPT）的 476 个位移向量。其中，他们所使用的数据库主要是日本新潟地震的数据[2]。此外，他们所选择的参数类型包含有地震参数、地形参数和岩土参数。在地震参数中，采用矩震级 M_w 和断层距 R。在地形参数中选择临空比（W）和地面坡度（S），均采用百分比（%）表示。在岩土参数中选用标准贯入锤击数小于 15 的土层 T_{15}（单位：m）以及 T_{15} 中的平均细粒含量 F_{15}（单位：%）和 T_{15} 中平均粒径 $D50_{15}$（单位：mm）。最后，他们提出了两个独立的临空和地面缓坡条件下的多元线性回归（multiple linear regression，MLR）经验方程。随后，Youd 等修正了他们的模型，在他们的数据集中另外加入了三个地震历史的数据，并由于边界效应而剔除了 8 个样本[3]。

首先，由于 CAV_5 涵盖部分地震特性，例如诱发断层类型、地震荷载频率和近断层带效应。所以，根据获得的地震断层类型，并利用 Kramer 等[4] 的衰减方程，对数据集中所有样本估计 CAV_5。然后，由于 CAV_5 的经验预测公式的震级适用范围是 4 级到 8 级，所以应当剔除 1964 年的震级为 9.2 的 Alaska 地震。由此得出本研究数据集的地震震级范围从 6.4 到 7.9 级。最后，统计所有影响变量与 D_H 的相关系数（R）。统计结果显示，R_{rup} 与 D_H 之间为正相关，$R=0.104$，S 和 D_H 之间为负相关，$R=-0.98$。因此，不考虑参数 R_{rup} 和 S，最终得到 215 个临空地形下的样本数据。

4.3　地震液化侧移的人工神经网络模型构建

4.3.1　数据统计特征

为了评估 F_{15} 对地震液化侧移的复杂影响，本书提出了两个人工神经网络模型，分别记为 ANN1 和 ANN2。两者的区别在于，ANN1 模型是基于整个参数范围的数据所建立的，而 ANN2 模型中样本的细粒含量 F_{15} 需要小于 28%。因此，第 4.1 节中收集的所有数据适用于建立 ANN1 模型，不需要进行任何更改，共计 215 个数据，而 ANN2 模型的训练数据剔除 F_{15} 大于 28%的数据后，共计 182 个数据。这两个数据集的数据特性见表 4.1 和表 4.2。

表 4.1 ANN1 模型数据集的统计特征（$F_{15}>28\%$）

参数	最小值	平均值	最大值	标准偏差
M_w	6.4	7.18	7.9	0.45
$W/\%$	1.64	10.25	56.8	8.78
T_{15}/m	0.2	8.78	16.7	4.81
$F_{15}/\%$	0	16.57	70	13.11
$D50_{15}/mm$	0.036	0.35	1.98	0.4
$CAV_5/(m/s)$	3.7	14.58	27.85	3.14

表 4.2 ANN2 模型数据集的统计特征（$F_{15}<28\%$）

参数	最小值	平均值	最大值	标准偏差
M_w	6.4	7.27	7.9	0.39
$W/\%$	1.64	9.82	56.8	9.01
T_{15}/m	0.5	9.83	16.7	4.46
$F_{15}/\%$	0	11.89	27	6.67
$D50_{15}/mm$	0.086	0.4	1.98	0.42
$CAV_5/(m/s)$	3.7	15.09	24.9	2.58

4.3.2 数据集划分

本节把数据分成训练集、测试集和验证集这三个子集，分别用于训练、测试和验证阶段。此外，为了获得更有效和精确的模型，采用分层抽样来保证三个子集具有相似的统计特征。通常情况下，训练集占总样本的 70%，剩余的 30%样本用作测试和验证。因此，ANN1 模型中的数据组成为 151 个训练，32 个测试和 32 个验证数据，ANN2 模型的数据组成为 128 个训练，27 个测试和 27 个验证数据，其统计特征见表 4.3～表 4.8。

表 4.3 ANN1 模型 32 个测试数据的统计特征

参数	最小值	平均值	最大值	标准偏差
M_w	6.4	7.07	7.5	0.48
$W/\%$	1.85	10.8	41.38	9.02
T_{15}/m	0.5	8.43	16	4.94
$F_{15}/\%$	2	18.71	48	13.8
$D50_{15}/mm$	0.071	0.43	1.98	0.56
$CAV_5/(m/s)$	3.7	14.3	24.9	3.95

表 4.4 ANN1 模型 32 个验证数据的统计特征

参数	最小值	平均值	最大值	标准偏差
M_w	6.4	7.2	7.9	0.45
$W/\%$	1.64	9.88	41.38	7.49
T_{15}/m	0.5	8.85	16.7	4.78
$F_{15}/\%$	0	15.71	54	12.2

续表

参数	最小值	平均值	最大值	标准偏差
$D50_{15}$/mm	0.078	0.33	1.98	0.36
CAV_5/(m/s)	3.7	14.62	16.28	2.79

表 4.5　ANN1 模型 151 个训练数据的统计特征

参数	最小值	平均值	最大值	标准偏差
M_w	6.4	7.19	7.9	0.47
W/%	2.03	11.36	56.8	9.28
T_{15}/m	0.2	8.61	16	5.04
F_{15}/%	2	18.7	70	15.13
$D50_{15}$/mm	0.036	0.34	1.98	0.39
CAV_5/(m/s)	3.7	14.87	27.85	3.47

表 4.6　ANN2 模型 27 个测试数据的统计特征

参数	最小值	平均值	最大值	标准偏差
M_w	6.5	7.25	7.5	0.38
W/%	1.85	10.9	41.38	9.51
T_{15}/m	0.5	10.31	16	4.64
F_{15}/%	2	12.16	25	6.62
$D50_{15}$/mm	0.09	0.39	1.98	0.46
CAV_5/(m/s)	3.7	14.9	16.28	2.86

表 4.7　ANN2 模型 27 个验证数据的统计特征

参数	最小值	平均值	最大值	标准偏差
M_w	6.5	7.27	7.5	0.41
W/%	2.05	9.42	41.38	9.43
T_{15}/m	0.5	9.27	16	4.57
F_{15}/%	2	12.36	26	7.06
$D50_{15}$/mm	0.036	0.35	1.98	0.39
CAV_5/(m/s)	3.7	14.87	27.85	3.77

表 4.8　ANN2 模型 128 个训练数据的统计特征

参数	最小值	平均值	最大值	标准偏差
M_w	6.5	7.27	7.9	0.39
W/%	1.64	9.67	56.8	8.87
T_{15}/m	0.5	9.84	16.7	4.42
F_{15}/%	0	11.73	27	6.66
$D50_{15}$/mm	0.086	0.39	1.98	0.4
CAV_5/(m/s)	3.7	15.19	24.9	2.47

4.3.3　ANN 模型构建

多层感知器（MLP）已经被证明在评估液化现象方面具有优越的能力[5-9]。因此，本

节构建一个采用反向传播算法和 s 型激活函数的单隐层 MLP 模型，如图 3.1 所示。

对于输出向量 $\boldsymbol{x}=(x_1, x_2, \cdots, x_m)$ 和输出向量 $\boldsymbol{y}=(y_1, y_2, \cdots, y_m)$ 的 MLP，其输入和输出之间存在的相关关系可以表示为

$$y_i = f_{\text{output}}\left[\sum_{h=1}^{k} w_{jh} f_{\text{hidden}}\left(\sum_{i=1}^{m} w_{hi} x_i + w_{h0}\right) + w_{j0}\right] \tag{4.4}$$

式中 m——输入单元个数；

k——隐藏层中神经元个数；

w_{hi}——输入神经元 i 与隐藏神经元 h 之间的权重值；

w_{jh}——隐藏神经元 h 和输出神经元 j 之间的权重值；

w_{h0}——隐藏神经元 h 的阈值（或偏差）；

w_{j0}——神经元 j 的阈值；

f_{hidden}——隐藏层的传递函数；

f_{output}——输出层的传递函数。

根据相应的数据集构建 ANN1 模型和 ANN2 模型，其对应的模型预测精度 R 值见表 4.9 和表 4.10。从表中可以看出，两个模型在各自三个数据子集下的精度都是 90%左右，表明每个模型均具有较高的精度。值得注意的是，本书的主要目的是研究验证阶段，CAV_5 和 F_{15} 临界值的影响。因此，本书只构建了一个隐藏层的网络避免了具有多个隐藏层的更复杂网络的发展，但是这些网络已经被研究人员证实适用于液化分析[6-9]。

表 4.9　　ANN1 模型的精度（$F_{15}>28\%$）

数据集	R	数据集	R
训练集	0.92	验证集	0.90
测试集	0.89	所有数据	0.90

表 4.10　　ANN2 模型的精度（$F_{15}<28\%$）

数据集	R	数据集	R
训练集	0.95	验证集	0.89
测试集	0.92	所有数据	0.91

4.4 与现有模型的性能比较

1999 年中国台湾中部集集地区发生 7.7 级地震，现场观测到砂土沸腾和侧向位移等液化迹象。地震震中在 23.86°N，120.75°E，震源深度 11km。在地震后不久，MAA[10-11] 进行了 CPT 试验，Chu 等[12] 分析了雾峰市和南通市的 5 个站点 D_{H}。在所有报道的样本中，有 28 个样本具有 Youd 等[3]、Javadi 等[7] 和 Rezania 等[13] 分别构建的模型中所需必要参数及其参数范围。这些模型涉及的所有参数及其每个场地的具体数值见表 4.11，其中样本的 F_{15} 值在 13%～48.55%。

基于28个集集地震数据，对本研究提出的ANN1模型和已有的三个液化侧移模型进行比较。此外，基于F_{15}<15%的16个样本，比较已有的三个液化侧移模型与ANN1（ANN2）的模型性能。预测D_H的准确度是通过估计他们的预测结果与现场测量值之间的误差来确定的，采用的指标有MAE、$RMSE$和R，比较结果见表4.12和表4.13。同时，每个模型的预测散点图如图4.1和图4.2所示，图4.1为ANN1模型和其他三个液化侧移模型对28个集集侧移数据的D_H的预测散点图，图4.2为ANN2模型和其他三种模型对16个集集侧移数据的D_H预测散点图。

表4.11　1999年集集地震中场地实测D_H及其影响因素

编号	M_w	R/km	W/%	S/%	T_{15}/m	F_{15}/%	$D50_{15}$/mm	PGA/g	CAV_5/(m/s)	D_H/m
1	7.6	5	7.4	0	0.5	20.8	0.11	0.67	45.226	0
2	7.6	5	13.7	0	0.8	20.8	0.11	0.67	45.226	0.45
3	7.6	5	18.4	0	0.8	20.8	0.11	0.67	45.226	0.55
4	7.6	5	25.2	0	0.8	20.8	0.11	0.67	45.226	0.8
5	7.6	5	37.3	0	0.8	20.8	0.11	0.67	45.226	1.05
6	7.6	5	49.9	0	0.8	20.8	0.11	0.67	45.226	2.05
7	7.6	5	5.7	0	0.5	13	0.18	0.67	45.226	0
8	7.6	5	6.6	0	0.75	13	0.18	0.67	45.226	0.1
9	7.6	5	7.9	0	0.75	13	0.18	0.67	45.226	0.17
10	7.6	5	9	0	0.75	13	0.18	0.67	45.226	0.23
11	7.6	5	15	0	0.75	13	0.18	0.67	45.226	0.29
12	7.6	5	21.2	0	0.75	13	0.18	0.67	45.226	0.49
13	7.6	5	11.9	0	1.1	20.8	0.11	0.67	45.226	0
14	7.6	5	26.3	0	1.1	20.8	0.11	0.67	45.226	0
15	7.6	13	5.9	3.8	1.7	22.3	0.12	0.39	24.816	0.05
16	7.6	13	16.2	3.8	1.7	22.3	0.12	0.39	24.816	0.25
17	7.6	5	12.2	0	0.45	30	0.13	0.67	45.226	0.4
18	7.6	5	14.3	0	0.45	30	0.13	0.67	45.226	0.65
19	7.6	5	24.6	0	0.45	30	0.13	0.67	45.226	1
20	7.6	5	57.7	0	0.45	30	0.13	0.67	45.226	1.24
21	7.6	5	8	0	1	31.4	0.1	0.67	45.226	0.35
22	7.6	5	10.5	0	1	31.4	0.1	0.67	45.226	0.61
23	7.6	5	19	0	1	31.4	0.1	0.67	45.226	0.96
24	7.6	5	31.3	0	1	31.4	0.1	0.67	45.226	2.96
25	7.6	5	9.6	0	1.8	48.5	0.1	0.67	45.226	0.35
26	7.6	5	11.7	0	1.8	48.5	0.1	0.67	45.226	0.52
27	7.6	5	13.3	0	1.8	48.5	0.1	0.67	45.226	0.62
28	7.6	5	23.7	0	1.8	48.5	0.1	0.67	45.226	1.62

从表4.12中可以看出ANN1的R值较大为0.665，而Rezania等[13]、Javadi等[7]和Youd等[3]模型的R值分别为0.433、−0.740和0.514。此外，ANN1的MAE和$RMSE$值较低，分别为0.35和0.53，而Rezania等的模型[13]分别为0.49和0.7。结合这三个指标可以看出ANN1预测D_H的准确率更高。此外，对于集集地震中F_{15}<16%的16个样本，从

表4.13中可以看出，Youd等[3]模型的R值最大为0.934，其次是ANN2模型R值为0.923。此外，与Rezania等[13]和Javadi等[7]报道的R值分别为−0.233和−0.813相比，ANN1的R值为0.892。在MAE和$RMSE$中，ANN2的准确率更高，分别为0.28和0.37，而Rezania等[13]分别为0.42和0.57，Javadi等[7]的模型分别为1.2和1.3。因此，在整个数据点范围内，本书中的ANN1模型具有比其他可用模型更高的预测能力。此外，对于F_{15}小于临界值28%的数据点，本书提出的ANN2模型预测D_H的能力较好。

表4.12　ANN1模型与现有模型的性能对比

评价指标	模型			
	Youd等[3]	Javadi等[7]	Rezania等[13]	ANN 1
R	0.514	−0.740	0.433	0.665
MAE	3.77	1.04	0.49	0.35
$RMSE$	4.37	1.19	0.7	0.53

表4.13　ANN2模型与现有模型的性能对比（F_{15}<28%）

评价指标	模型				
	Youd等[3]	Javadi等[7]	Rezania等[13]	ANN 1	ANN 2
R	0.934	−0.813	−0.233	0.892	0.923
MAE	4.84	1.2	0.42	0.88	0.28
$RMSE$	5.34	1.3	0.57	0.93	0.37

从图4.1和图4.2可以看出，在所有模型中，Youd等[3]和Javadi等[7]提出的

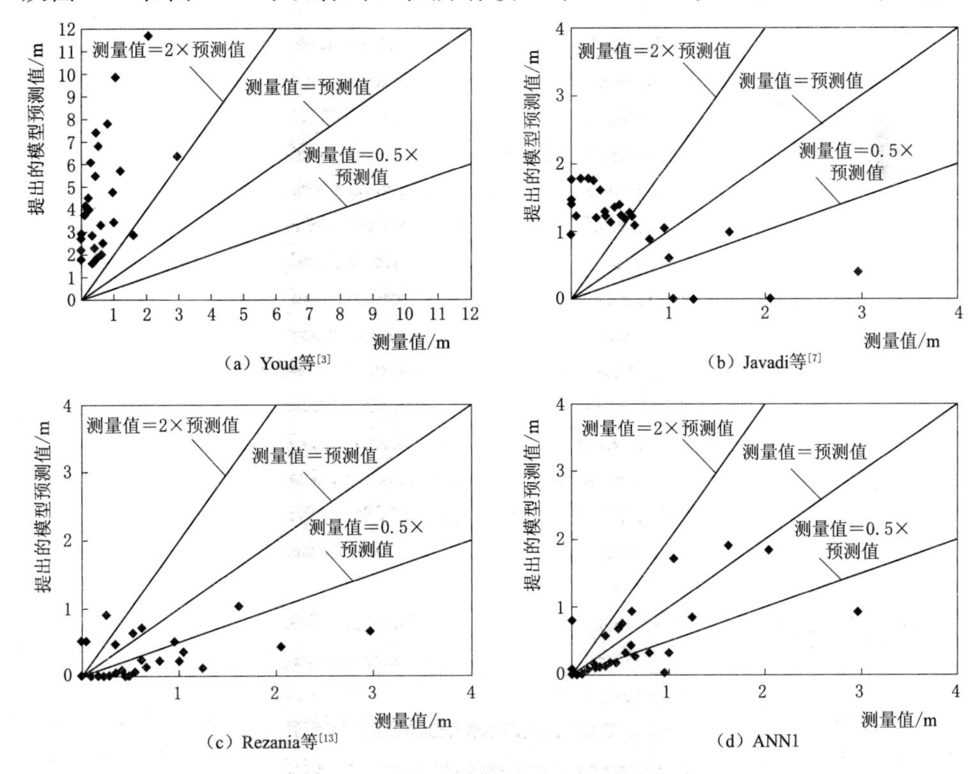

图4.1　ANN1模型与现有模型的比较

模型都高估了 D_H，是由于对参数值没有任何限制。而 ANN1 和 Rezania 等[13] 提出的模型低估了 D_H，得到了较好的预测效果，但是本书构建的 ANN2 模型的预测效果最好。

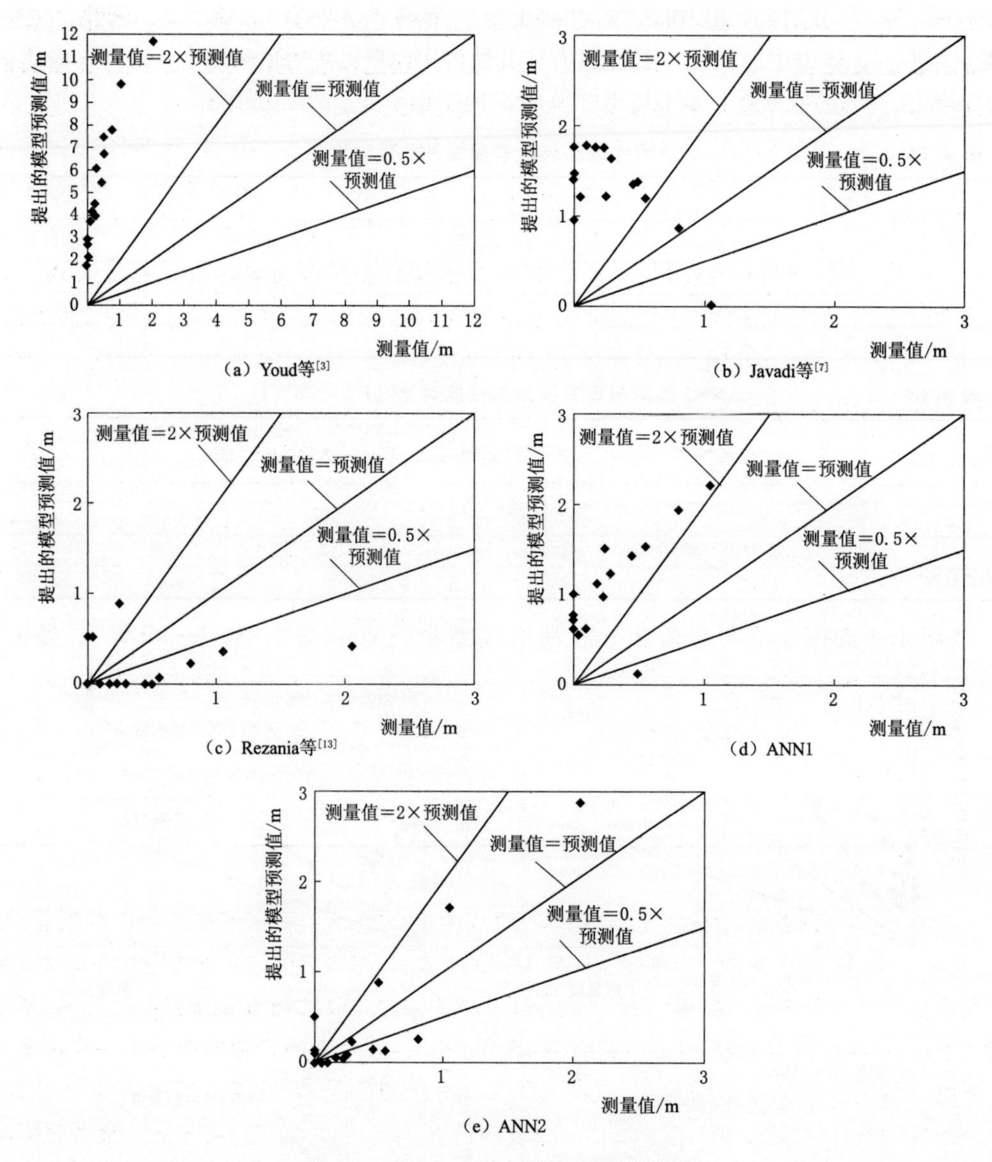

图 4.2 ANN2 模型与现有模型的比较

4.5 参数敏感性分析

由于实验室或现场条件下的测量、估计和统计（与数据不足有关）误差，大多数岩土工程参数是不确定的。为了解决这些不确定性，研究人员最近提出并应用了一些用来解决决策和风险问题的概率方法[14-18]。本书应用蒙特卡罗模拟（MCS）进行敏感性分析，探讨改变平均值和变异系数（coefficient of variation，COV）对 D_H 的影响。由于ANN2模型具有较强的预测性能，所以本书选用ANN2进行参数敏感性分析。首先需要对ANN2模型进行500000次抽样，并应用MCS得到收敛结果。假设参数具有不确定性，并将其视为具有统计因子和分布函数的变量，其 *COV*（标准差与均值之比）和分布函数定义见表4.14。Lumb[19] 和Tan等[20] 通过实验室试验提出了土壤性质的正态分布函数。此外，当 n 不显著时，正态分布函数的误差可以忽略不计，其他变量也采用这种分布。同时，有必要通过相关系数（ρ）来定义每个变量之间的依赖关系并构建一个相关矩阵，确定得出 CAV_5 和 M_w 之间的 ρ 为62.5%，而其他变量 ρ 值等于零被认为是独立的。

为了进行每个参数的敏感性分析，其他五个参数被固定为平均值，见表4.14，并根据其中的平均 *COV* 值确定目标变量的范围变化，以显示其影响。由于它与主数据库中 D_H 的平均值很接近，因此考虑用1m来进行敏感性分析。参数及其不确定性对大于1m的侧向位移的影响如图4.3所示。

表4.14　用于MCS敏感性分析的人工神经网络开发模型的变量统计（$D_H \leqslant 2m$）

输入变量	统计参数					分布函数	参考文献
	平均值	标准差	最大值	最小值	平均 *COV* *		
M_w	7.05	0.51	6.4	6.4	0.05	正态分布	[21]
$W/\%$	20.69	0	1	1	0.2	正态分布	—
T_{15}/m	6.9	0	0.2	0.2	0.2	正态分布	—
$F_{15}/\%$	35	0	0	0	0.2	正态分布	—
$D50_{15}/mm$	0.3125	17.55	0.036	0.036	0.2	正态分布	—
$CAV_5/(m/s)$	9.904	8.5	1.977	1.977	0.1	正态分布	[4]

注　*表示本书对 *COV* 的假设值；“—”表示无参考文献。

从图4.3可以看出，在第二个数据集的范围内，当 M_w 从6.5增加到7.9时，$D_H>1m$ 的概率增加到约28%。此外，当 M_w 的 *COV* 从0.05增至0.1，再增至0.15时，概率分别提高4.5%和7%。在 W 从1.64到约8的范围内，$D_H>1m$ 的概率从61%突然增加到75%，然后略微增加到87%，此时 W 达到56.8，表明不确定性的增加不一定表示有重大影响。随着 T_{15} 从0.5增加到16.7，$D_H>1m$ 的概率从36%稳步增加到60%。此外，*COV* 的增加对单独 T_{15} 值中 $D_H>1m$ 的概率的影响低于 F_{15}。这种对 F_{15} 的显著影响通过在 F_{15} 值范围内从0到92%（0到28%）移动来说明。随着 F_{15} 的增加，*COV* 变化对 $D_H>1m$ 的影响更大。*COV* 从0.1增加到0.2再到0.3时，概率最大增幅分别为5%和3.5%。$D50_{15}$ 在0.086～1.98范围内，$D_H>1m$ 的概率均匀下降56%～16%。此外，在1.2到1.98的临界范围内，*COV* 从0.1到0.2再到0.3，每增加0.1，该参数的概率增加2.5%。此外，在本研究中考虑的 CAV_5 范围内，$D_H>1m$ 的概率从13%上升到79%。当 *COV* 在8～14之间的临界值从0.1增加到0.2，然后再增加到0.3时，每次概率增加约2.5%。

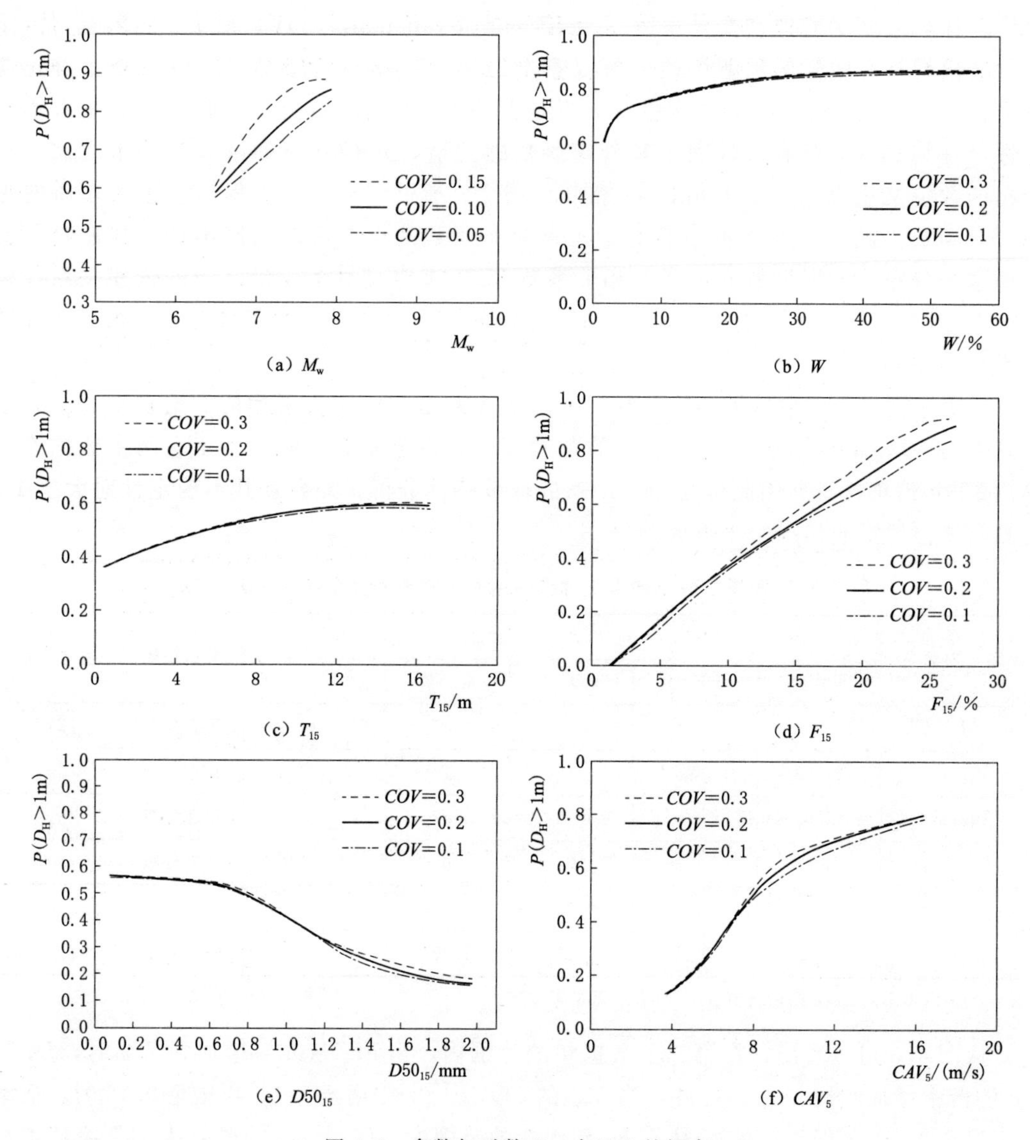

图 4.3　参数与对数 D_H 大于 1 的概率

4.6　本章总结

在所有的液化灾害中，液化侧移是液化现象危害分析中关键的问题之一。为了评估 *FC* 这种影响，本章汇编了两个数据集，并在这些数据集的基础上开发了两个人工神经网络模型。为了验证人工神经网络模型的性能，本章选取集集地震中的雾峰和南通地区断裂带附近一些数据点。将两个人工神经网络模型的预测值以及另外三个可用模型的预测值与站点的 D_H 实测值进行比较。研究结果表明，考虑到 *FC* 的复杂影响，可以提高模型的能力。最后，利用第二个人工神经网络模型进行 MCS 敏感性分析，考察参数及其不确定性对 D_H 的影响。在所有岩土力学性质中，F_{15} 对 D_H 的影响最为显著。而在其他地震参数中，CAV_5 对 D_H 的影响较大。同时也表明了参数的不确定性，特别是在某些临界值时，会产生重大影响。在液化危害分析中应考虑参数的不确定性和概率方法，而不是确定性方法。

参考文献

[1] BARTLETT S F, YOUD T L. Empirical prediction of liquefaction - induced lateral spread [J]. Journal of Geotechnical Engineering, 1995, 121 (4): 316 - 329.

[2] HAMADA M, TOWHATA I, YASUDA S, et al. Study on permanent ground displacement induced by seismic liquefaction [J]. Computers and Geotechnics, 1987, 4 (4): 197 - 220.

[3] YOUD T L, HANSEN C M, BARTLETT S F. Revised multilinear regression equations for prediction of lateral spread displacement [J]. Journal of Geotechnical and Geoenvironmental Engineering, 2002, 128 (12): 1007 - 1017.

[4] KRAMER S L, MITCHELL R A. Ground motion intensity measures forliquefaction hazard evaluation [J]. Earthquake Spectra, 2006, 22 (2): 413 - 438.

[5] WANG J, RAHMAN M S. A neural network model for liquefaction - induced horizontal ground displacement [J]. Soil Dynamics and Earthquake Engineering, 1999, 18 (8): 555 - 568.

[6] BAZIAR M H, GHORBANI A. Evaluation of lateral spreading using artificial neural networks [J]. Soil Dynamics and Earthquake Engineering, 2005, 25 (1): 1 - 9.

[7] JAVADI A A, REZANIA M, NEZHAD M M. Evaluation of liquefaction induced lateral displacements using genetic programming [J]. Computers and Geotechnics, 2006, 33 (4 - 5): 222 - 233.

[8] BAZIAR M H, NILIPOUR N. Evaluation of liquefaction potential using neural - networks and CPT results [J]. Soil Dynamics and Earthquake Engineering, 2003, 23 (7): 631 - 636.

[9] HANNA A M, URAL D, SAYGILI G. Neural network model for liquefaction potential in soil deposits using Turkey and Taiwan, China earthquake data [J]. Soil Dynamics and Earthquake Engineering, 2007, 27 (6): 521 - 540.

[10] MAA. Soil Liquefaction Assessment and Remediation Study, Phase I (Yuanlin, Dachun, and Shetou), Summary Report and Appendixes [R]. Taipei, Taiwan, China: Moh and Associates (MAA), Inc., 2000 (in Chinese).

[11] MAA. Soil Liquefaction Investigation in Nantou and Wufeng Areas [R]. Taipei, Taiwan, China: Moh and Associates (MAA), Inc., 2000.

[12] CHU D B, STEWART J P, YOUD T L, et al. Liquefaction - induced lateral spreading in near - fault regions during the 1999 Chi - Chi, Taiwan, China Earthquake [J]. Journal of Geotechnical and Geoenvironmental Engineering, 2006, 132 (12): 1549 - 1565.

[13] REZANIA M, FARAMARZI A, JAVADI A A. An evolutionary based approach for assessment of earthquake - induced soil liquefaction and lateral displacement [J]. Engineering Applications of Artificial Intelligence, 2011, 24 (1): 142 - 153.

[14] HAMDIA K, GHASEMI H, BAZI Y, et al. A novel deep learning based method for the computational material design of flexoelectric nanostructures with topology optimization [J]. Finite Elements in Analysis and Design, 2019, 165: 21 - 30.

[15] GUO H, ZHUANG X, RABCZUK T. A Deep collocation method for the bending analysis of Kirchhoff plate [J]. Computers, Materials & Continua, 2019, 59 (2): 433 - 456.

[16] ANITESCU C, ATROSHCHENKO E, ALAJLAN N, et al. Artificial neural network methods for the solution of second order boundary value problems [J]. Computers, Materials & Continua,

2019，59 (1)：345 - 359.

[17] HAMDIA K M，SILANI M，ZHUANG X，et al. Stochastic analysis of the fracture toughness of polymeric nanoparticle composites using polynomial chaos expansions [J]. International Journal of Fracture，2017，206 (2)：215 - 227.

[18] HAMDIA K M，GHASEMI H，ZHUANG X，et al. Sensitivity and uncertainty analysis for flexoelectric nanostructures [J]. Computer Methods in Applied Mechanics and Engineering，2018，337：95 - 109.

[19] LUMB P. The variability of natural soils [J]. Canadian Geotechnical Journal，1966，3 (2)：74 - 97.

[20] TAN C P，DONALD I B，MELCHERS R E. Probabilistic Slope Stability Analysis - State of Play [J]. In：Proceedings of the Conference on Probabilistic Methods in Geotechnical Engineering. Canberra：CRC Press，1993.

[21] JUANG C H，ROSOWSKY D V，TANG W H. Reliability - based method for assessing liquefaction potential of soils [J]. Journal of Geotechnical and Geoenvironmental Engineering，1999，125 (8)：684 - 689.

第 5 章

基于随机森林的地震液化沉降灾害风险分析

在地震过程中，预测浅基础建筑物因液化引起的沉降是地震工程领域的一个重要问题。浅基础通常应用于低层建筑，如住宅、公寓和小型商业建筑。此类基础通常被放置在靠近地面的地方，其目的是将建筑物的重量分散到大面积的基础面上来以此减小支持力。然而，当基础下方的土体发生液化时，基础则可能不再能够承担建筑物的重量，从而导致建筑物的沉降和变形。这种沉降和变形的严重程度取决于多种因素，包括土体类型、地下水深度、建筑物体积和重量以及地震动强度和时间。近几十年来，液化引起的建筑物沉降造成了巨大的损失。在 1990 年的菲律宾吕宋岛地震中，达古潘市的建筑物因液化出现了大量的沉降和倾斜[1]。1999 年发生于土耳其的科贾埃利地震也出现了相同的破坏现象，建筑物因孔隙水压力的上升导致地基承载能力暂时失效，从而产生了沉降和倾斜[1]。在 2011 年的新西兰克莱斯特彻奇地震中，液化诱发了巨大的建筑物沉降、倾斜以及侧移，导致 15000 座住宅破坏，中央商务区的商业建筑也因此受到影响[2]。由此可以看出，对液化诱发的沉降进行预测是十分重要的，可为在可液化土层上修建建筑物提供可靠的抗震设计。

然而，由于问题的复杂性和许多影响因素的相互作用，对设计参数进行精确估计不容易实现，这与以往的研究一致。值得注意的是，由于液化诱发的沉降在抗震设计中十分重要，且其计算面临诸多挑战，大量学者反复研究了此问题[3]。在过去的几年里，新开发的一种基于数据挖掘技术的方法已被越来越多地用于解决现实世界的问题，尤其是在土木工程领域。一些实际问题已经用机器学习算法成功解决，为土木工程采用机器学习算法研究铺平了道路。这些模型在提供精确和有效的预测方面已显示出优越性，特别是在可用数据有限的情况下。使用机器学习模型进行预测的主要优势是，它可以从大型数据集中学习输入变量和输出变量之间的复杂关系。

本章旨在通过决策树算法，即随机树（random tree，RT)、随机森林（random forest，RF）和误差降低剪枝（reduced error pruning，REP）树等模型，为浅基础建筑物液化诱发的沉降开发预测模型。RT、RF 和 REP 树模型基于文献中的离心机试验结果开发。为了确定结构构造、土体条件和地震动参数对液化诱发沉降的单独影响，本书采用了敏感性分析方法。

5.1 随机森林理论简介

随机树（RT）是机器学习和数据挖掘中使用的一种分级模型，它根据一系列的规则或条件做出决策。决策树由节点和分支组成，分别代表决策和结果。在 RT 中，决策节点对应于输入变量或属性，而分支对应于这些特征的可能值，叶子则代表基于决策序列的结果或预测。RT 经常被用于分类和预测研究，其目标变量是分类或离散的。它也可用于目标是连续变量的回归任务当中。RT 将数据集划分为子空间，并为每个子空间拟合一个常数。这种单一树状模型的趋势非常不稳定，其预测精度较差。然而，通过将 RT 作为决策树算法进行袋装，这种方法可以产生高精度的结果[4]。这是因为 RT 具有高度的灵活性和快速训练能力[5]。随机树是指从一组可能的树中随机创建的树，每个树的每个节点都有 K 个随机属性。在这种情况下，“随机”表示集合中的任何一棵树都有相同的机会被选作样本。快速构建随机树并将其与大型随机树集整合，通常会产生精确的模型。

近年来，在机器学习领域对随机树进行了广泛的研究[6-7]。采用随机树方法是为了在其众多分类器参数中达到最高的精度，如最小实例数和随机选择属性所用的最小集数。值得注意的是，用以改善分类的决策树必须是基本和紧凑的，否则其模型精度将会降低。为了确定最大的参数值，一个参数将保持不变，而另一个参数则被调整至具有最高精度。

随机森林（RF）回归是一种机器学习算法，它结合了多个决策树，为回归任务建立了一个更稳定和更精确的模型。这种算法是一种集合学习，即在不同的数据子集上训练多个模型，并将它们的预测结果结合，进而形成最终的预测结果。RF 回归的工作原理是在训练数据的不同子集上创建一组决策树，并使用它们来预测目标变量。每棵决策树都是用输入变量的随机子集和训练数据的随机子集来训练的，这有助于减少过拟合，从而增加决策树的多样性。为了对一个新的数据点进行预测，该算法采取了森林中所有决策树的平均预测。这种集合方法有助于减小模型的方差并提高其精度。

RF 是一种用于分类和回归的监督学习算法，但它主要用于解决分类问题。Breiman[8] 介绍了 RF 理论的发展过程。在数据样本上，RF 算法会生成决策树，然后从每个决策树中得到预测结果，最终通过投票法选择最佳方案。此方法是一种集合法，比单一的决策树更好，因为它通过对结果进行平均，减少了过拟合。RF 算法程序包含以下步骤：

1）首先从给定的数据集中随机抽样。

2）接下来，对于每个样本，该算法都将创建一个决策树。然后从每一个决策树得到预测结果。

3）对任何预测结果，在这一步进行投票。

4）最终，选择得票最多的预测结果作为最终预测结果。

RF 的工作流程如图 5.1 所示。

误差降低剪枝（REP）树是一种用于提高机器学习中决策树性能和泛化能力的技术。多个决策树（DTs）容易出现过拟合，这表示它们在训练数据上表现良好，但在新数据上表现不佳。而 REP 有助于克服这个问题，它有选择地从决策树中删除那些不能提高其精度的分支或节点。REP 算法的工作原理是首先使用训练集将决策树扩大到最大尺寸，然后在未用于训练的验证集上评估树的精度。从树的底部开始，该算法通过删除导致验证集精度下降的分支或节点对树进行剪枝。这个过程一直持续到继续剪枝会导致验证集精度下降为止。在 REP 之后的想法是找到一个较小的决策树，它具有与全尺寸树相近的精度，

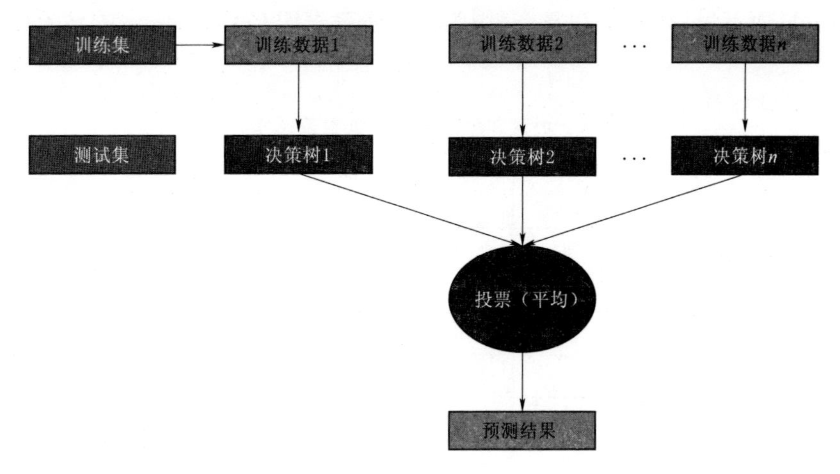

图 5.1 典型的 RF 流程图

但相对简单且不易过拟合。与此同时，较小的树更容易理解和解释，并且在新数据上有更好的泛化能力。REP 的优点之一是它可以用于不同类型的决策树，如 ID3、C4.5 和 CART。它的计算效率也很高，使得它对具有许多输入变量的大型数据集很实用。REP 树是 DT 和 REP 算法的集合模型，对解决分类和回归问题同样有利[9]。REP 树算法基于最高信息增益率（*IGR*）的重要性来对回归树进行划分和剪枝，从而生成决策回归树[10]；*IGR* 值是根据式（5.1）通过熵函数（*E*）确定的。

$$IGR(x,S)=\frac{E(S)-\sum_{i=1}^{n}E(S_i)\mid S_i\mid/\mid S\mid}{-\sum_{i=1}^{n}\mid S_i\mid/\mid S\mid\log_2\mid S_i\mid/\mid S\mid} \tag{5.1}$$

IGR 考虑了所有液化诱发沉降的预测因子，其子集 S_i 来自训练集（*S*）：$i=1, 2, \cdots, n$ 个连续的剪枝步骤。由于复杂的决策树会导致模型过拟合，其可解释性较差，而 REP 可以通过去除 DT 中的叶子和分支来降低决策树的复杂度[9,11-13]。

5.2 回归模型的性能评估指标

为了弄清楚液化诱发建筑物沉降的影响因素，本书对相关文献进行了全面的调研[3,14-23]。基于文献调研结果，可以发现液化诱发的沉降（S_l）受到以下因素的显著影响：未液化层厚度（H_{crust}）、可液化层厚度（*HL*）、可液化层相对密实度（D_r）、基础宽度（*W*）、建筑重心高度（*H*）、基底压力（*Q*）以及地震特性［例如：地面峰值加速度（*PGA*）以及地震主频（F_d）］。因此，将所有的这些参数用于模型开发中。

本书从数据详细可查的离心机试验中收集了一组包含 38 个工况的数据，以此来评估 RT、RF 和 REP 树模型的适用性（表 5.1）。值得说明的是，这些数据被分为了训练集（80%）以及测试集（20%）两部分。模型开发中所使用的数据的统计特征见表 5.2。值得一提的是，这些数据来自不同参考文献所记录的液化诱发沉降离心机试验，最初由 Zheng 等收集[24]。此外，本书中考虑地震特性时，采用了累积绝对速度（*CAV*）。本书之

所以使用 CAV 而不采用 PGA 和 F_d 是因为以往研究表明 CAV 与液化诱发的沉降有很好的相关性[25-27]。

表 5.1　基于现有文献的离心机试验数据库

试验 ID	H_{crust} /m	HL /m	W /m	H /m	D_r /%	Q /kPa	CAV /(cm/s)	S_l /cm
T6-30-03-A	2	6	6	2.12	40	80	405.83	8
T6-30-03-B	2	6	12	2.12	40	80	405.83	9.5
T6-30-03-C	2	6	6	4.2	40	130	405.83	10.5
T6-30-04-A	2	6	6	2.12	40	80	1409.2	59.3
T6-30-04-B	2	6	12	2.12	40	80	1409.2	54.8
T6-30-04-C	2	6	6	4.2	40	130	1409.2	66.8
T3-30-03-A	2	3	6	2.12	30	80	462.5	28.4
T3-30-03-B	2	3	12	2.12	30	80	462.5	20.2
T3-30-03-C	2	3	6	4.2	30	130	462.5	17
T3-30-04-A	2	3	6	2.12	30	80	1461.3	50
T3-30-04-B	2	3	12	2.12	30	80	1461.3	45.9
T3-30-04-C	2	3	6	4.2	30	130	1461.3	47.5
T3-50-02-A	2	3	6	2.12	50	80	404.43	10.8
T3-50-04-A	2	3	6	2.12	50	80	1243.1	20.2
T3-50-05-A	2	3	6	2.12	50	80	1566.9	16.9
T4.5-50-09-A	1.9	4.5	6	2.12	50	65	556.18	20
T4.5-50-10-A	1.9	4.5	6	2.12	50	65	1219.8	16.6
T4.5-50-11-A	1.9	4.5	6	2.12	50	65	1297.7	25.3
T4.6-40-05-A	1.7	4.6	6	2.12	40	65	575.9	20.4
T4.6-40-05-K	1.7	4.6	6	2.42	40	177	575.9	28.7
T4.6-40-08-A	1.7	4.6	6	2.12	40	65	1476.8	49.3
T4.6-40-08-K	1.7	4.6	6	2.42	40	177	1476.8	61.9
T3.9-50-03-J_E	2.8	3.9	7.5	10.5	50	179	491.8	7.1
T3.9-50-07-J_E	2.8	3.9	7.5	10.5	50	179	1457.3	30.2
T2.5-55-03-J	2.6	2.5	7.5	10.5	55	179	427.3	5.9
T2.5-55-03-J_IM	2.6	2.5	7.5	16.4	55	269	427.3	8.8
T2.5-55-06-J	2.6	2.5	7.5	10.5	55	179	438.6	4.3
T2.5-55-06-J_IM	2.6	2.5	7.5	12	55	269	438.6	6
T2.5-55-07-J	2.6	2.5	7.5	10.5	55	179	1522.7	21.9
T2.5-55-07-J_IM	2.6	2.5	7.5	12	55	269	1522.7	28
T2.5-55-11-J	2.6	2.5	7.5	10.5	55	179	1357.1	10.5
T2.5-55-11-J_IM	2.6	2.5	7.5	12	55	269	1357.1	14.8

续表

试验 ID	H_{crust} /m	HL /m	W /m	H /m	D_r /%	Q /kPa	CAV /(cm/s)	S_l /cm
T2.5-55-12-J	2.6	2.5	7.5	10.5	55	179	1307.5	8.1
T2.5-55-12-J_IM	2.6	2.5	7.5	12	55	269	1307.5	13.2
T2.3-70-16-J	2.5	2.3	7.5	10.5	70	179	415.8	3.6
T2.3-70-16-J_IM	2.5	2.3	7.5	12	70	269	415.8	5
T2.3-70-21-J	2.5	2.3	7.5	10.5	70	179	1456.7	6.7
T2.3-70-21-J_IM	2.5	2.3	7.5	12	70	269	1456.7	7.1

表 5.2　模型开发中使用参数的统计特征

参数	最小值	最大值	平均值	标准差
H_{crust}/m	1.70	2.80	2.21	0.35
HL/m	2.30	6.00	3.60	1.31
D_r/%	30.00	70.00	47.63	11.67
W/m	6.00	12.00	7.26	1.80
H/m	2.12	16.40	6.28	4.60
Q/kPa	65.00	269.00	146.66	73.40
CAV/(m/s)	404.43	1566.90	984.49	487.27
S_l/cm	3.60	66.80	22.87	18.35

本书使用皮尔森相关系数[28] 来确定输入与输出变量之间的线性关系。它用符号 ρ 表示，取值区间为 [−1，1]。当 ρ 为正值时，表明变量之间为正相关关系，即一个变量随着另一个变量的增加而增加。当 ρ 为负值时，表明变量之间为负相关关系，即一个变量随着另一个变量的增加而减小。当 ρ 接近 0 时，两个变量之间没有显著的线性关系。所有参数的相关系数见表 5.3。$|\rho|>0.8$ 代表每对变量之间有较强相关性，介于 0.3～0.8 之间代表中等的相关性，而 $|\rho|<0.3$ 代表较弱相关性[29]。观察表 5.3，易看出 H 与 S_l 具有相对较强的相关性（$|\rho|=0.59$），而 W 与 S_l 相关性较弱（$|\rho|=0.16$）。

表 5.3　输入与输出变量的皮尔森相关矩阵

参数	H_{crust}	HL	W	H	D_r	Q	CAV	S_l
H_{crust}	1.00							
HL	−0.66	1.00						
W	0.15	0.02	1.00					
H	0.92	−0.73	0.02	1.00				
D_r	0.74	−0.58	0.04	0.83	1.00			
Q	0.72	−0.65	−0.06	0.88	0.75	1.00		
CAV	0.07	−0.02	−0.09	0.05	0.11	0.09	1.00	
S_l	−0.58	0.53	−0.16	−0.59	−0.55	−0.45	0.55	1.00

5.3　随机森林模型的构建

理论上，当模型的参数被正确选择和更新时，可以得到一个特定的模型。超参数的选择对模型的性能至关重要，因为不同的超参数会导致模型的精度和泛化能力出现显著差异。超参数的调整过程包括测试不同的超参数组合，并根据性能指标选择最佳的超参数集。在本书中，最佳值是通过参数设置的试验和误差获得的。

RT、RF 和 REP 树模型的参数最佳值见表 5.4。在建议的 RT、RF 和 REP 树模型中，有几个重要的参数，如最大树深、最小实例数、用于随机选择属性的集数（K）、种子数和建模过程叶子中实例的最小总重量。基于训练集的 RT 和 REP 树模型示意图分别如图 5.2 和图 5.3 所示。

表 5.4　　最 佳 模 型 参 数

算法	参　数
RT	叶子中实例的最小总重量：4；在一个回归树节点中划分数据方差的最小部分：0.001；用于选择属性的随机种子数：1；K 值：0
RF	最大树深：10；随机选择属性数：0；种子数：1
REP 树	最大树深：−1；叶子中实例的最小总重量：1；方差的最小可能值：0.001；折数：3；种子数：1

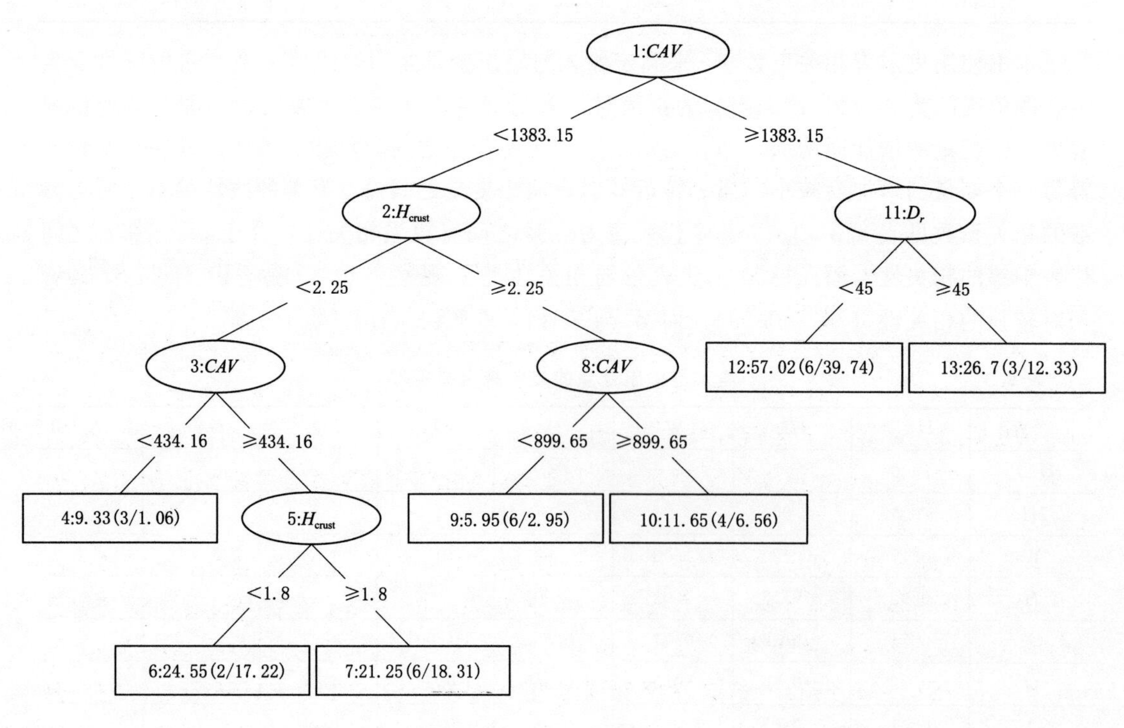

图 5.2　RT 模型

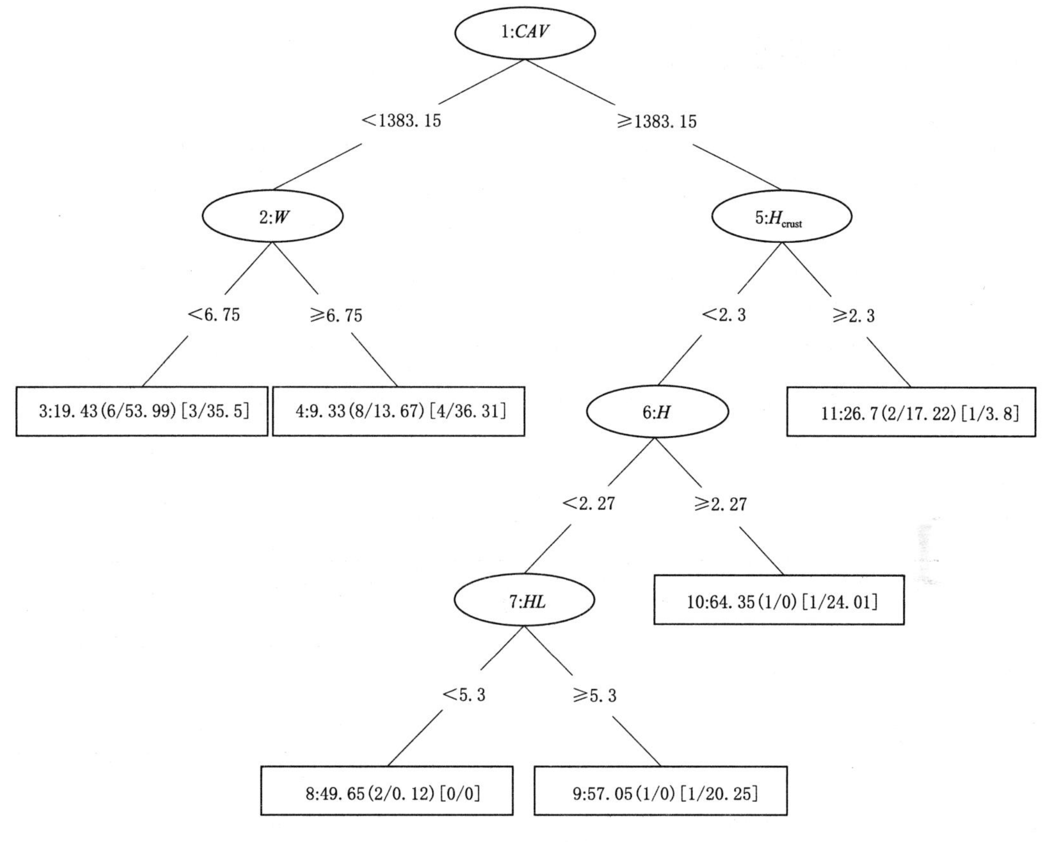

图 5.3　REP 树模型

5.4　模型预测结果分析与讨论

从训练集和测试集中获得 RT、RF 和 REP 树的预测结果。随后，计算 *R*、*MAE* 和 *RMSE* 三个回归评价指标的值，RT、RF 和 REP 树模型在训练集和测试集中的表现见图 5.4。对于 RT 模型，训练集的预测高于测试集的预测。训练数据和测试数据的 *R* 值分别为 0.9770 和 0.9024。对于 RF 模型，训练数据的 *R* 值（0.9946）比测试数据（0.8249）的结果更好。同样，对于 REP 树模型，训练数据的 *R* 值（0.9634）比测试数据的 *R* 值（0.8170）略好。同时，可以明显判断，RT 模型的训练集和测试集性能要高于 REP 树模型。

MAE 通过逐项计算误差的方差减少大误差的影响；*RMSE* 值则更集中于大误差而不是小误差。RT 模型在训练集中具有较低的 *RMSE*（3.9450）值，而在测试集中也是如此（11.7181）。RF 模型训练集中 *MAE*＝1.9501，*RMSE*＝2.7742；测试数据集中 *MAE*＝8.9733、*RMSE*＝12.2552。REP 树模型训练集中 *MAE*＝3.8011、*RMSE*＝4.9598；测试集中 *MAE*＝13.3354、*RMSE*＝16.7653。RT 模型对浅基础建筑物液化诱发的沉降进行了合理的预测。

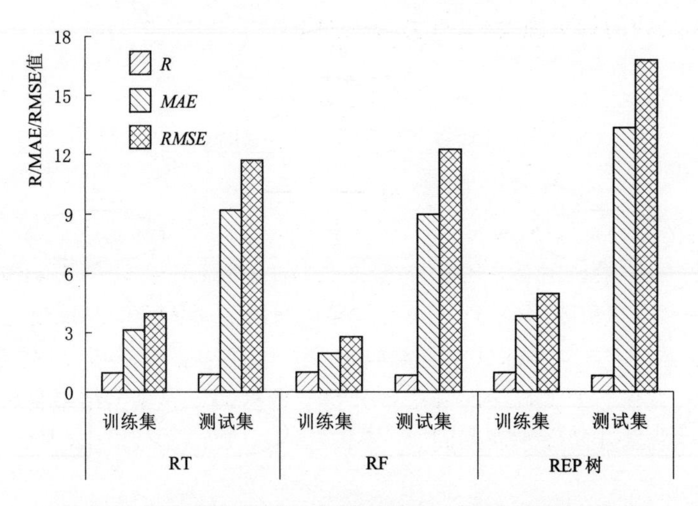

图 5.4　RT、RF 和 REP 树模型的 R、MAE 和 $RMSE$ 值

排名分析是评估和比较所开发模型有效性最简单和最广泛使用的方法。在本书中，采用统计参数来确定分值，以其理想值作为基准，这将取决于所使用的模型的数量。表现最好的模型结果获得最高分，反之亦然。两个具有相同结果的模型可能具有相同的排名。测试阶段的模型评价指标见表 5.5。在测试阶段，RT 分数最高（8 分），其次是 RF（7 分）和 REP 树（3 分）。除了 MAE，RT 相较于 RF 和 REP 树模型具有更好的精度和性能。因此，从排名可以看出，RT 模型的性能优于 RF 和 REP 树，且明显优于其他应用模型。

表 5.5　基于测试集液化诱发沉降结果的开发模型排名分析

模型	值			排　名			总计
	R	MAE	$RMSE$	R	MAE	$RMSE$	
RT	0.9024	9.1875	11.7181	3	2	3	8
RF	0.8249	8.9733	12.2552	2	3	2	7
REP	0.8170	13.3354	16.7653	1	1	1	3

为了确定输入变量对输出变量（S_l）的独立影响，以下采用敏感性分析。确定七个输入变量，即非液化硬壳层厚度（H_{crust}）、可液化层厚度（HL）、可液化层相对密实度（D_r）、基础宽度（W）、建筑重心高度（H）、基底压力（Q）和地震特性即地面峰值加速度（PGA）对输出变量 S_l 的影响。敏感性分析的目的是确定最重要的输入变量，并剔除对 S_l 影响最小的输入变量。这会大大降低问题的复杂性。在本书中，采用余弦幅值法来进行敏感性分析[30-31]。为了构建数据阵列（$\boldsymbol{X}$），使用了如下数据对：

$$\boldsymbol{X}=\{\boldsymbol{x}_1,\boldsymbol{x}_2,\boldsymbol{x}_3,\cdots,\boldsymbol{x}_i,\cdots,\boldsymbol{x}_n\} \tag{5.2}$$

式中　$\boldsymbol{x}_i$——第 i 个特征向量，对应 $\boldsymbol{X}$ 阵列中第 i 个变量；

　　　n——变量个数。

它可以表示为

$$\boldsymbol{X}=\{\boldsymbol{x}_{i1},\boldsymbol{x}_{i2},\boldsymbol{x}_{i3},\cdots,\boldsymbol{x}_{im}\} \tag{5.3}$$

式中　m——每个变量的取值个数。

$\boldsymbol{x}_i$ 和 $\boldsymbol{x}_j$ 数据集之间的相关强度 r_{ij} 计算公式如下：

$$r_{ij}=\frac{\sum_{k=1}^{m}x_{ik}x_{jk}}{\sqrt{\sum_{k=1}^{m}x_{ik}^{2}\sum_{k=1}^{m}x_{jk}^{2}}} \tag{5.4}$$

k 是一个中间值（$k=1,2,\cdots,m$）。

敏感性分析的结果如图 5.5 所示，其中 CAV(0.884) 对 S_l 的影响最大。其他输入变量在 S_l 预测方面也有重要影响。r_{ij} 的值越高，该特定输入变量对输出变量（S_l）的影响则越大。因此，$CAV(r_{ij}=0.884)$ 的影响最大，而 $H(r_{ij}=0.455)$ 在 S_l 预测方面的影响最小。这是因为基于人工智能的方法是依赖于数据的，其输出结果会因数据集、训练集的质量和数量以及试验的大小而不同。

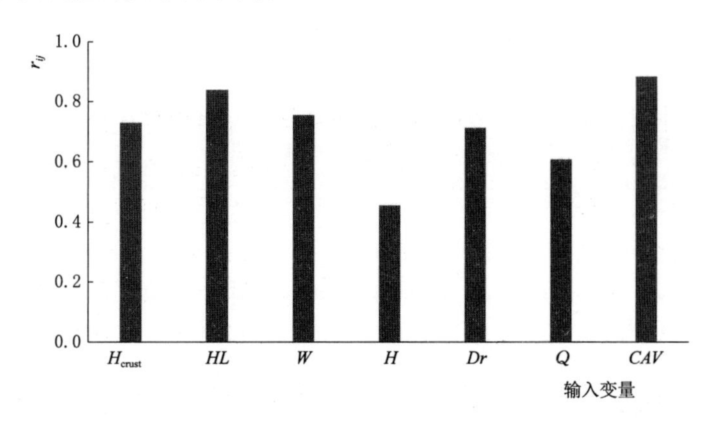

图 5.5　输入变量预测 S_l 的相关强度

5.5　本章总结

本书利用现有文献中的离心机数据库，讨论了 RT、RF 和 REP 树模型在预测液化诱发沉降方面的能力。所有模型都评估了下液化引起的沉降多种诱发因素，如非液化硬壳层厚度、可液化层厚度、可液化层相对密实度、基础宽度、建筑重心高度、基底压力和地面峰值加速度。并使用统计参数，如 R、MAE 和 $RMSE$，来评估所用模型的性能。

与 RF 和 REP 树模型相比，RT 模型在训练和测试阶段的结果最好，其训练数据 $R=0.9770$、$RMSE=3.9450$；测试数据 $R=0.9024$、$RMSE=11.7181$，这表明 RT 模型在实际应用中是高效和可靠的。而敏感性分析则显示，累积绝对速度（CAV）具有最高的 r_{ij} 值（0.884），表明这个特定的输入变量在预测 S_l 方面具有更大的作用。另外，本书所提出的模型是开放性的，它可以积累更多的数据并更好地评估液化诱发的沉降。

参考文献

［1］ SANCIO R，BRAY J D，DURGUNOGLU T，et al. Performance of buildings over liquefiable ground in Adapazari，Turkey［C］. In Proceedings of Proceeding 13th World Conference on Earthquake Engineering.

[2] GREEN R A, ALLEN J, WOTHERSPOON L, et al. Performance of levees (stopbanks) during the 4 September 2010 Mw 7.1 Darfield and 22 February 2011 Mw 6.2 Christchurch, New Zealand, earthquakes [J]. Seismological Research Letters, 2011, 82: 939-949.

[3] KARAMITROS D K, BOUCKOVALAS G D, CHALOULOS Y K. Seismic settlements of shallow foundations on liquefiable soil with a clay crust [J]. Soil Dynamics and Earthquake Engineering, 2013, 46: 64-76.

[4] ALDOUS D, PITMAN J. Inhomogeneous continuum random trees and the entrance boundary of the additive coalescent [J]. ProbabilityTheory and Related Fields, 2000, 118: 455-482.

[5] LAVALLE S M. Rapidly-exploring random trees: A new tool for path planning [J]. Reserch Report, 1998.

[6] AHMAD M, AL-SHAYEA N A, TANG X W, et al. Predicting the pillar stability of underground mines with random trees and C4.5 decision trees [J]. Applied Sciences, 2020, 10 (6486): 1-12.

[7] KALMEGH S. Analysis of weak data mining algorithm reptree, simple cart and random tree for classification of Indian news [J]. International Journal of Innovative Science, Engineering & Technology 2015, 2: 438-446.

[8] BREIMAN L. Random forests [J]. Machine learning, 2001, 45: 5-32.

[9] QUINLAN J R. Simplifying decision trees [J]. International Journal of Man-machine Studies, 1987, 27: 221-234.

[10] KHOSRAVI K, PHAM B T, CHAPI K, et al. A comparative assessment of decision trees algorithms for flash flood susceptibility modeling at Haraz watershed, northern Iran. Sci [J]. Total Environment, 2018, 627: 744-755.

[11] PHAM B T, PRAKASH I, SINGH S K, et al. Landslide susceptibility modeling using Reduced Error Pruning Trees and different ensemble techniques: Hybrid machine learning approaches [J]. Catena, 2019, 175: 203-218.

[12] MOHAMED W N H W, SALLEH M N M, OMAR A H. A comparative study of reduced error pruning method in decision tree algorithms [C]. In Proceedings of 2012 IEEE International conference on control system, computing and engineering, 2012: 392-397.

[13] GALATHIYA A, GANATRA A, BHENSDADIA C. Improved decision tree induction algorithm with feature selection, cross validation, model complexity and reduced error pruning [J]. International Journal of Computer Science and Information Technologies, 2012, 3: 3427-3431.

[14] BRAY J D, MACEDO J. 6th Ishihara lecture: Simplified procedure for estimating liquefaction-induced building settlement [J]. Soil Dynamics and Earthquake Engineering, 2017, 102: 215-231.

[15] FORCELLINI D. Numerical simulations of liquefaction on an ordinary building during Italian (20 May 2012) earthquake [J]. Bulletin of Earthquake Engineering, 2019, 17: 4797-4823.

[16] CHALOULOS Y K, GIANNAKOU A, DROSOS V, et al. Liquefaction-induced settlements of residential buildings subjected to induced earthquakes [J]. Soil Dynamics and Earthquake Engineering, 2020, 129: 105880.

[17] DIMITRIANDI V, BOUCKOVALAS G, PAPADIMITRIOU A. Seismic performance of strip foundations on liquefiable soils with a permeable crust [J]. Soil Dynamics and Earthquake Engineering, 2017, 100: 396-409.

[18] DIMITRIADI V E, BOUCKOVALAS G D, CHALOULOS Y K, et al. Seismic liquefaction performance of strip foundations: effect of ground improvement dimensions [J]. Soil Dynamics and Earthquake Engineering, 2018, 106: 298-307.

[19] DASHTI S, BRAY J D, PESTANA J M, et al. Centrifuge testing to evaluate and mitigate liquefaction - induced building settlement mechanisms [J]. Journal of Geotechnical and Geoenvironmental Engineering, 2010, 136: 918.

[20] DASHTI S, BRAY J D, PESTANA J M, et al. Mechanisms of seismically induced settlement of buildings with shallow foundations on liquefiable soil [J]. Journal of Geotechnical and Geoenvironmental Engineering, 2010, 136: 151 - 164.

[21] KUMAR R, KASAMA K, TAKAHASHI A. Reliability assessment of the physical modeling of liquefaction - induced effects on shallow foundations considering nonuniformity in the centrifuge model [J]. Computers and Geotechnics, 2020, 122: 103558.

[22] MACEDO J, BRAY J D. Key trends in liquefaction - induced building settlement [J]. Journal of Geotechnical and Geoenvironmental Engineering, 2018, 144: 04018076.

[23] MANSOUR M, ABDEL - MOTAAL M, ALI A. Seismic bearing capacity of shallow foundations on partially liquefiable saturated sand [J]. International Journal of Geotechnical Engineering, 2016, 10: 123 - 134.

[24] ZHENG G, ZHANG W, ZHOU H, et al. Multivariate adaptive regression splines model for prediction of the liquefaction - induced settlement of shallow foundations [J]. Soil Dynamics and Earthquake Engineering, 2020, 132: 106097.

[25] KARIMI Z, DASHTI S. Ground motion intensity measures to evaluate II: The performance of shallow - founded structures on liquefiable ground [J]. Earthquake Spectra, 2017, 33: 277 - 298.

[26] KARIMI Z, DASHTI S, BULLOCK Z, et al. Key predictors of structure settlement on liquefiable ground: a numerical parametric study [J]. Soil Dynamics and Earthquake Engineering, 2018, 113: 286 - 308.

[27] ALLMOND J, KUTTER B L, BRAY J, et al. New database for foundation and ground performance in liquefaction experiments [J]. Earthquake Spectra, 2015, 31: 2485 - 2509.

[28] BENESTY J, CHEN J, HUANG Y, et al. Pearson correlation coefficient [M]. In Noise reduction in speech processing, Springer: 2009, 1 - 4.

[29] BOTZORIS G, PROFILLIDISV. Modeling of transport demand - analyzing, calculating, and forecasting transport demand [M]. Amsterdam, Elsevier: 2018, 472.

[30] WU X, KUMAR V. The top ten algorithms in data mining [M]. Calabasas: CRC press, 2009.

[31] MOMENI E, ARMAGHANI D J, HAJIHASSANI M, et al. Prediction of uniaxial compressive strength of rock samples using hybrid particle swarm optimization - based artificial neural networks [J]. Measurement, 2015, 60: 50 - 63.

第 6 章

基于贝叶斯网络的地下结构液化上浮灾害风险分析

以城市地铁车站为代表的地下结构物是现代生命线工程的重要组成部分，历史地震灾害调查中多次发现大地震下城市地铁车站的破坏实例，如 1985 年墨西哥城西南方向的太平洋海岸地震造成地铁车站侧墙与地表结构发生分离破坏现象[1]；1995 年日本阪神地震引起的神户市大开地铁车站的严重破坏，其中中柱的弯曲剪切破坏导致地铁车站结构顶板发生坍塌，造成地铁结构上覆土层发生大面积沉降[2]；2008 年我国汶川地震中成都市某地铁车站的主体结构发生局部损坏，墙体出现多处裂缝，部分裂纹处发生了渗水现象[3-4]等。而可液化土层中地铁很可能因地基液化导致结构上浮，从而发生更严重的震害，如 1989 年美国洛马普雷塔地震导致加利福尼亚地铁因地基液化造成结构上浮，从而发生严重破坏[5]。我国地铁交通工程延伸范围广，不可避免要穿越可液化的砂土层，如我国南京、深圳等城市的地铁以及台北捷运系统中的某些隧道均遇到了可液化地层。

地下结构物上浮是随着场地液化发生，砂土层中的孔隙水压力剧增、有效应力减小，结构物上覆土抗剪强度显著减小，导致结构物产生上浮反应，从而发生上浮现象。最常见的是地下管道上浮破坏，进而产生漏水、油、天然气等次生灾害，对于管道的复位和破坏断面修复也会带来很大的经济损失和施工困难。由于在历史地震液化调查资料中，液化引起的地下结构物上浮灾害相对其他液化灾害类型甚少，较典型的有 1993 年日本北海道南西冲地震、1994 年日本北海道东方冲地震和 2011 年日本东北地区近太平洋地区地震中由于城市供水管线破坏，引起城市缺水，产生严重的次生灾害[6]。

由于地震液化的影响因素很多且很复杂，各因素对液化的影响程度又各不相同，而且即使场地发生轻微液化也不一定导致地下结构发生灾害。仅通过自由场地筛选的几个因素去准确判别地下结构是否发生灾害是很难的，如果所有因素都用来评估沉降或结构上浮等灾害，会使模型变得很复杂，而且不一定会提高预测的精度，另外很多影响因素是定性的或者是不易获取的，如果选择这些因素又很难定量地预测液化。因此，为了能提高地震灾害评估模型的准确性和简易性，某些不太敏感的影响因素或不易获取或无法定性、定量描述的因素可以在建立预测模型之前采取一些方法进行剔除，选出相对重要且易获取的影响因素，为建立场地发生灾害的预测模型做准备。本章针对地下结构物地震液化的影响因素做了全面分析，然后筛选出了适用于有限元数值分析的相对重要因素，并根据数值分析结果从这些相对重要因素中选出适用于评估模型的因素，最后基于贝叶斯网络方法建立了地下结构物地震液化上浮灾害的风险评估模型。

6.1 贝叶斯网络简介

6.1.1 贝叶斯网络原理

贝叶斯网络是一种用于描述变量之间不确定性因果关系的有向无环图形网络模型（图6.1），又可以称之为概率网或因果网。它是由节点、有向连线和概率表三者所构成，这里的有向连线则代表节点参数之间的逻辑关系。

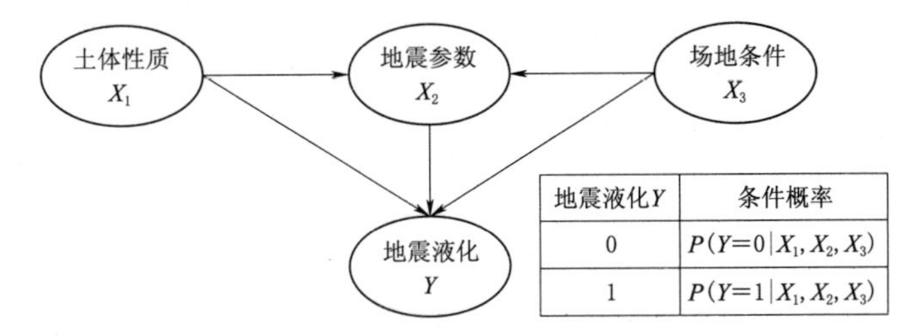

图6.1　地震液化的通用贝叶斯网络

以图6.1为例，该贝叶斯网络模型包含4个变量，它们分别是土体性质 X_1、地震参数 X_2、场地条件 X_3 和地震液化 Y，它们之间由5条有向连线连接，箭头方向表示节点之间的因果关系，也称为父子顺序，其中变量 X_1 和变量 X_3 是相互独立。从中可以看出，土体性质是地震参数和地震液化的父节点，场地条件也是地震参数和地震液化的父节点，而地震参数又是地震液化的父节点。同理，箭头反向则对应可称为之子节点。我们都知道土体性质会影响地震参数，也会影响地震液化的发生，而地震参数同时也会影响地震液化的发生。图6.1还列出了地震液化的条件概率表，$Y=0$ 代表不液化，而 $Y=1$ 则代表液化，若某一具体工况已知土体性质 X_1、地震参数 X_2 和场地条件 X_3 三者的概率值就能够推断出液化的概率。

贝叶斯网络的推理包括的准则分别是贝叶斯公式、链规则和条件独立规则，其表达式分别如下：

$$P(Y|X=e)=\frac{P(Y)P(X=e|Y)}{P(X=e)} \tag{6.1}$$

$$P(x_1,\cdots,x_n)=P(x_1)P(x_2|x_1)\cdots P(x_n|x_1,x_2,\cdots,x_{n-1}) \tag{6.2}$$

$$P(x_1,\cdots,x_n)=\prod_{i=1}^{n}P(x_i\mid\pi(x_i)) \tag{6.3}$$

式中　$P(Y|X=e)$——后验概率，是已知 X 的某个新证据 e 出现的情况下 Y 发生的概率；

$P(Y)$——先验概率，是考虑 X 的新证据 e 出现之前变量 Y 的概率，可通过历史数据学习获得；

$P(X=e|Y)$——Y 的似然度，一般基于历史数据计算得到；

$P(X=e)$——x 的新证据 e 发生的概率；

$\pi(x_i)$——变量 x_i 的父亲节点集合。

假设已有地震液化的历史数据，则可以根据历史数据得到先验概率 $P(Y=1)$ 和似然度 $P(X_1=e_1, X_2=e_2|Y=1)$、$P(X_2=e_2, X_3=e_3|Y=1)$。当要进行推理新的观测数据情况下液化发生的概率时，也就是知道新的土体性质 $X_1=e_1$，地震特性 $X_2=e_2$ 和场地条件 $X_3=e_3$ 各变量的概率值进行计算 $Y=1$ 的概率值，则根据上述 3 个公式计算地震液化发生的概率为

$$
\begin{aligned}
P(Y=1 \mid X_1=e_1, X_2=e_2, X_3=e_3) &= \frac{P(Y=1)\cdot P(X_1=e_1, X_2=e_2, X_3=e_3 \mid Y=1)}{P(X_1=e_1, X_2=e_2, X_3=e_3)} \\
&= \frac{P(Y=1)\cdot P(X_1=e_1, X_2=e_2, X_3=e_3 \mid Y=1)}{\sum_{i=0}^{1} P(Y_i)P(X_1=e_1, X_2=e_2, X_3=e_3 \mid Y_i)} \\
&= \frac{P(Y=1)\cdot P(X_1=e_1, X_2=e_2 \mid Y=1)P(X_2=e_2, X_3=e_3 \mid Y=1)}{\sum_{i=0}^{1} P(Y_i)P(X_1=e_1, X_2=e_2 \mid Y_i)P(X_2=e_2, X_3=e_3 \mid Y_i)}
\end{aligned} \tag{6.4}
$$

如果又有新的数据土体性质 $X_1=e_1'$，地震特性 $X_2=e_2'$ 和场地条件 $X_3=e_3'$，那么之前的观测数据土体性质 $X_1=e_1$，地震特性 $X_2=e_2$ 场地条件 $X_3=e_3$ 会并入到历史数据中，之前的先验概率和似然度也会随之更新，于是在最新的观测数据情况下地震液化的发生概率可以再按照式（6.1）重新进行计算。像这样不断有新观测数据并入到历史数据中，不断更新先验概率和似然度，地震液化的预测精度也会逐渐提高。

6.1.2　贝叶斯网络的结构学习

贝叶斯网络的结构学习是指根据样本数据或先验知识，或两者兼有共同来确定的最优网络拓扑结构。而如何找到样本数据的最优拟合模型则是该项研究的重点。经过前人多年的研究，已经发展出以下比较成熟的建模方法[7]：手工建模方法、数据学习建模方法和混合建模方法。在某些领域中，由于知识理论的不完备或是专家的主观性容易造成贝叶斯模型的有效性和鲁棒性很低，因此，单纯依靠专家知识或经验建立的手工模型的效果最不理想；单纯依靠数据学习的方法又过于客观，可能会导致学习的模型中参数之间的逻辑关系混乱或产生拟合过度的情况，同样会导致效果不理想；而混合建模法既可以利用既有经验知识，提供一定程度上的主观的引导，又可以通过数据挖掘参数之间隐藏的因果联系，如此便可得到相对完善的贝叶斯网络模型。

所谓数据学习法就是通过应用某种算法自动学习数据，从而得到变量的顺序和因果关系，构建和数据样本高度拟合的网络结构。在这个搜寻过程中，对于一个 n 节点的贝叶斯网络，需要进行大量的搜寻计算，Robinson[8] 在 1976 年给出了计算搜寻网络结构次数 $f(n)$ 的表达公式：

$$
\begin{cases} f(1)=1 \\ f(n)=\sum_{i=1}^{n}(-1)^{i+1}C_n^i 2^{i(n-i)} f(n-i), n>1 \end{cases} \tag{6.5}
$$

从式（6.5）可以看到，$f(n)$ 的值会随着变量个数 n 的增加呈指数式增加，其网络结构的学习会是一个 NP 难题，这个已被证实[9]。因此，采用确定性的精确算法去求解最优网络通常是行不通的，一般采用启发式的搜索算法对其求解。而根据算法思想不同可以分为评分搜索方法和条件独立性测试方法。虽然条件独立性测试方法比较直观，但它需要大量测试过程，且高阶测试往往会得到较大的误差，影响网络结构的精确性，而评分搜索方法是一种统计驱动，虽然搜索空间大，但其结构的精度要相对偏高。

1. *评分搜索方法*

评分搜索方法是采用评分函数对不同的网络模型进行评价，然后通过搜索算法在所有的评分中找出得分最高或最小的网络结构，即为最优模型。该过程包含两部分主要内容，一个是评分函数的选取，另一个是搜索算法的选取。根据评分准则不同可以分为最小描述长度准则[10]（minimum description length，MDL）和贝叶斯信息准则[11]（bayesian information criterion，BIC）。最小描述长度准则源于编码思想，是对模型和数据集进行信息编码，保存这些信息的总长度为存储模型的拓扑结构 B 的长度 $DL(B)$、模型的条件概率表的长度 $DL(\theta)$ 和数据样本 D 的长度 $DL(D|B)$ 之和，找出描述总长度最短所对应的模型，即为最优模型，其计算表达式为

$$
\begin{aligned}
Score_{MDL}(B,\theta \mid D) &= DL(B) + DL(\theta) + DL(D \mid B,\theta) \\
&= \sum_{i=1}^{n} k_i \log_2 n + \frac{\log N}{2} \sum_{i=1}^{n} (S_i - 1)\pi(x_i) + N \sum_{i=1}^{n} H[X_i \mid \pi(x_i)]
\end{aligned}
\tag{6.6}
$$

式中 n——变量节点的个数；

k_i——节点的父节点个数；

N——数据样本大小；

S_i——变量节点的取值数目；

$\pi(x_i)$——变量的父亲节点集合；

$H[X_i|\pi(x_i)]$——条件熵。

基于这种思想的贝叶斯网络结构学习算法有 K3 算法、B&BMDL 算法等。

贝叶斯统计准则是充分结合拓扑结构 B 的先验知识，表示为 $P(B)$，在给定的训练数据集合 D 中利用贝叶斯公式计算拓扑结构的后验概率，从中寻找最大后验概率值对应的拓扑结构。计算公式为

$$
Score(B : D) = P(B|D) = \frac{P(D|B)P(B)}{P(D)} \tag{6.7}
$$

式中，$P(D)$ 是给定的，与拓扑结构无关，只需计算 $P(D|B)P(B)$ 的最大值。基于这种思想的贝叶斯网络结构学习算法有 K2 算法、HC 算法（Hill Climbing）等。

在评分准则给定后，需要选用选择搜索算法去选取最优评分对应的拓扑结构，这样贝叶斯网络模型就建立好了。由于贝叶斯网络的结构学习是一个 NP 难题，其搜索方式通常采用启发式搜索，有贪婪搜索法、模拟退火法、遗传算法等。

2. *条件独立性测试方法*

条件独立性测试方法是通过条件独立性测试（如卡方检验）确定出不同节点间暗藏的

条件对立关系，找出和这些条件独立关系一致的网络结构。这种算法的繁琐之处在于变量节点间的互信息和条件对立性测试的计算，随着变量的增加，测试的次数呈指数倍增加。在给定的条件下 C，节点间的互信息计算为

$$I(X_i,X_j \mid C)=\sum_{x_i,x_j,c} P(x_i,x_j,c)\log\frac{P(x_i,x_j \mid c)}{P(x_i \mid c)P(x_j \mid c)} \tag{6.8}$$

式中　X_i，X_j——节点；

C——多个节点的集合。

通常给定某个阈值，当 $I(X_i,X_j|C)$ 小于这个阈值时，评判在给定 C 时 X_i 和 X_j 是条件独立的。基于这种思想的贝叶斯网络结构学习算法有 SGS 算法、三阶段分析算法（TPDA）等。

此外，当数据不完备时，上述方法都不再适用，评分准则无法对评分函数进行分解，也不能局部搜索。对于数据不完备情况通常采用的学习方法有期望最大化（expectation maximization，EM）法、MCMC 法和梯度法等，其基本思想是先对未知的数据先通过近似计算后填补，使其成为一个完备的数据集，然后再根据上述方法计算得到最优拓扑网络。

混合建模方法是一种把经验知识中变量的顺序、因果关系、规则逻辑与数据学习算法相互融合的建模方法。不同于单纯的数据学习，混合建模法可先利用经验知识预先建立变量的部分关系，通过构建简单的模型结构，可以排除一部分无意义的因果关系，从而减小最优模型搜索的空间，提高学习效率，进而获得同样本数据高度拟合的最优模型。目前混合建模方法得到了更为广泛的应用，备受相关研究者青睐。Hecherman 等[12] 通过假定参数先验概率服从狄利克雷分布，结合领域知识和数据学习建立了贝叶斯网络。后续的一些混合建模算法大多将参数在该领域中的简单结构信息、因果关系、先后顺序引入到结构学习算法中，如张振海等[13]、杨善林等[14]、毕春光等[15] 采用证据理论中的 Dempster 合成法则得到变量的因果顺序并去除了无意义的网络结构，然后提供给 K2 算法进行数据学习，有效地提高了学习效率；莫富强等[16] 采用证据理论，将专家知识以禁忌表的方式嵌入到结构期望最大化（structure expectation maximization，SEM）算法中，限制和引导该算法的搜索路径，有效地提高了结构学习精度和效率，在一定程度上避免了专家知识的主观性和数据噪声的干扰；Li 等[17] 将专家知识表示为变量间的规则，直接利用该规则对算法的搜索空间进行约束，提高搜索效率；Flores 等[18] 采用公共医疗数据开发了一套变量因果关系自动挖掘系统，使其在搜索过程中能融合多种类型的专家知识，并对比了客观搜索和基于这些不同的专家知识有偏向搜索的结果，验证了该算法的有效性。Masegosa 等[19] 采用交互式方法让专家通过交流，以引导搜索学习的过程，识别拓扑结构的边。

6.1.3　贝叶斯网络的参数学习

关于贝叶斯网络的另外一项主要研究就是它的参数学习，即在建立了拓扑结构之后，重点将关注如何确定各节点的概率分布。在早期的贝叶斯网络参数学习中，由于主要依靠手动建立网络模型，节点的条件概率往往由专家知识确定，考虑到专家知识的主观性等因素，通常会与观测数据差别较大，因此当前主流的参数学习方式是从数据学习中确定各个

节点的条件概率。另外，考虑到观测数据也可以分为完备和不完备这两种不同情况，由此便催生出多种数据学习算法，用以确定节点的概率分布。

若当某工况具有完备的观测数据时，通常可以采用贝叶斯估计算法或最大似然估计算法来进行参数学习，二者均为基于独立分布假设这一前提而被提出的。其中最大似然估计法是一种典型的频率学方法，核心思想就是根据样本 D 和参数的似然度来评估样本与模型是否拟合，其中的参数是当已给定父节点集合时，节点不同取值出现的频率，也作为该节点的条件概率参数[20]。似然度的对数函数形式为

$$\begin{aligned}\log L(\theta \mid D) &= \log\prod_{l=1}^{N} p(D_l \mid \theta) = \sum_{l=1}^{N}\log p(D_l \mid \theta) = \sum_{l=1}^{N}\sum_{i=1}^{n}\sum_{j=1}^{q_i}\sum_{k=1}^{r_i}\log p(D_l \mid \theta_{ijk}) \\ &= \sum_{i=1}^{n}\sum_{j=1}^{q_i}\sum_{k=1}^{r_i} N_{ijk}\log\theta_{ijk}\end{aligned} \tag{6.9}$$

式中 N——样本数据；

n——节点 X_i 的个数；

q_i——X_i 的父亲节点集 $\pi(X_i)$的状态组合数，如果节点 X_i 无父亲节点集合，则 $q_i=0$；

r_i——节点 X_i 的状态数；

N_{ijk}——节点 X_i 的第 k 个状态和 X_i 的父节点集 $\pi(X_i)$ 的第 j 个状态组合所对应的样本数量；

θ_{ijk}——节点 X_i 的第 k 个状态和其父节点集 $\pi(X_i)$ 的第 j 个状态组合所对应的参数，$\sum_{k=1}^{r_i}\theta_{ijk}=1$。

就式（6.9）中的对数函数的最大值，即通过对参数 θ 求导得到最大值 θ_{ijk}^*：

$$\theta_{ijk}^* = \begin{cases}\dfrac{N_{ijk}}{N_{ij}}, N_{ij} > 0 \\ \dfrac{1}{r_i}, N_{ij} < 0\end{cases}, \quad N_{ij} = \sum_{k=1}^{r_i} N_{ijk} \tag{6.10}$$

贝叶斯估计算法是将参数作为一个随机参量看待，考虑其先验知识，然后利用贝叶斯公式，即可求得它的后验概率分布，得到的参数 θ 值会是一个概率分布 $P(\theta|D)$。在给定样本 D 的情况下，参数 θ 的贝叶斯估计为

$$p(\theta|D) = \frac{p(\theta)p(D|\theta)}{p(D)} = \frac{p(\theta)L(\theta|D)}{p(D)} \tag{6.11}$$

式中 $L(\theta|D)$——样本 D 的似然函数；

$p(D)$——给定样本的先验概率，是一个固定值。

这样求 $p(\theta|D)$的最大值，相当于求 $p(\theta)\cdot L(\theta|D)$的最大值。

通常在贝叶斯估计方法中会认为先验概率近似服从某种分布（如狄利克雷分布），这样便于计算 $p(\theta)$。在贝叶斯估计方法中，当样本量很小时，参数 θ 的最大后验概率的计算主要依赖于先验知识；随着样本量的逐渐增加，先验知识对其的影响会随之越来越小，最大后验概率越来越多地依赖于数据，并最终逼近最大似然估计的值。

当观测数据不完备时，进行学习的参数间不再相互对立。此时计算似然函数非常复杂，几乎无法通过以上的精确计算方法求得极大值，通常使用近似计算的方法求得似然函数极大值，如 EM 算法、MC 算法和 Gaussian 算法[21-22] 等。而这些算法之中通常以 EM 算法为代表。所谓 EM 算法是从参数 θ 的某个随机初值 θ^0 开始迭代，迭代到第 t 步将得到估计值 θ^t，以此估计值为基础将数据修补完整，之后再一次计算参数 θ 的最大似然估计，则可求出 θ^{t+1}，以此类推，逐步迭代，最终得到局部极值。在这个数据修补过程中，每个缺值都会被一系列完整的权样本（每个样本都有一个权重值）所替代。参数 θ 基于修补样本 D^t 的对数似然函数为

$$L(\theta \mid D^t) = \sum_{l=1}^{N} \sum_{x_l \in \Omega X_l} p(X_l = x_l \mid D_l, \theta^t) \log p(D_l, X_l = x_l \mid \theta) \tag{6.12}$$

式中　N——样本量；

X_i——任一样本 D_l 中所有缺值变量的集合。当 X_i 为空集时，$p(X_i = x_l | D_l, \theta^t) = 1$。

在 EM 算法的迭代过程中，分为两步完成：

1）E-步骤，计算期望对数似然函数；

2）M-步骤，计算该似然函数最大值所对应的参数 θ 值。详细代码可参见文献[23]。

6.2　地下结构物地震液化上浮灾害的影响因素筛选

影响地震液化的因素有很多，胡记磊[7] 通过文献统计归纳总结了影响地震液化的三大类 25 个影响因素，分别包括：①反映地震特性的震级、烈度、频率、震中距、地震波作用方向、地震持续时间、剪应力比、地表峰值加速度；②反映土体性质的颗粒级配、土质类别、颗粒形状、黏粒含量或细粒含量、相对密实度、饱和度、超固结比、排水条件、塑性指数；③反映场地条件的可液化土层厚度、可液化土层埋深、上覆有效应力、地下水位、应力或地震历史、地层结构、地形地貌、地质年代。从中筛选出液化的 12 个重要影响因素：震级、震中距、地震持续时间、地表峰值加速度、颗粒级配、土质类别、细粒含量、相对密实度、可液化土层厚度、可液化土层埋深、上覆有效应力以及地下水位。

其中地表峰值加速度是指在地震过程中地震加速度的最大值，在同等条件下，一般震级越大，地表加速度的峰值也就越大，砂土就越容易发生液化。但在同一地震作用下，如果土体性质和场地条件不一样，地表峰值加速度也会差别较大，影响场地液化的发生。地表峰值加速度是反映地震的过程中场地震动的剧烈程度，早期的地震液化经验评估方法，如 Seed 简化法，是基于峰值加速建立的。而地震持续时间越长则意味着场地受到循环荷载的次数越多，孔隙水压力也将不断累积，场地越容易发生液化。而综合考虑震级与震中距对场地的作用，体现在具体某一场地时则主要体现在峰值加速度与持续时间上，因此在地震特性方面地表峰值加速度与地震持续时间则可视为地震液化的两个重要影响因素。

在土体性质方面，黏土与粉质黏土是无法发生液化的，而粉质土与砾石土也很难发生液化，只有纯砂土以及细粒含量较低的砂土比较容易发生液化。目前普遍认为其中的细粒含量存在一个界限值，当含量低于这个界限时，黏粒会填充砂土孔隙，此时主要由砂土承

担土骨架的作用，土体更多表现为砂土的性质；而当黏粒含量高于这个界限时，黏粒将逐渐包裹砂粒，此时起黏土将逐渐承担起土骨架的作用，土体更多表现为黏土的性质。另外颗粒级配是土体中各粒径组别的百分比含量，因此颗粒级配与细粒含量也综合体现为土体的分类。相对密实度也是影响液化的重要因素，对于同一种土体，它的相对密实度越高，则孔隙比就越小，也越不容易发生液化。因此在土体性质方面，影响液化的因素主要体现在相对密实度上。

考虑到场地建有地下结构，其下方的可液化土层厚度不仅影响场地液化情况，同样直接影响场地液化后的沉降以及结构的上浮，是影响液化甚至沉降或上浮灾害非常重要的因素；而上覆有效应力则与结构埋深具有高度相关性，可将二者归为同一因素。除此之外，不同于自由场，结构本身尺寸也将影响地震液化灾害的发生，在相同的结构高度条件下，宽度越大即结构的宽高比越大，结构本身抵御液化上浮的能力越强，另外地下水位的变化将影响可液化土层的液化势，进而影响土层液化的发生。

综上所述，含有地下结构物的场地地震液化灾害的影响因素可归纳为：地表峰值加速度、地震持续时间、土体分类、相对密实度、结构下方可液化土层厚度、结构埋深、结构宽高比和地下水位高度。

6.3 地下结构物地震液化数值模型的算例分析

本节以地铁站为例分析地下结构物在地震作用下的液化灾害的发生情况，构建的地铁站的主体简化二维模型如图 6.2 所示，模型宽 146m，高 33m。土层为日本神户海岸的典型地质条件，共分为两层，上层为饱和可液化的松砂土层，厚 28m；下层为不可液化的黏土层，厚 5m。地铁车站宽 20m，高 8m，埋深为 5m。在建立数值模型时，前面筛选出的重要影响因素中土体分类将在模型中简化为可液化的砂土层与不可液化的黏土层。最终可简化为以下 7 个影响因素：地表峰值加速度、地震持续时间、相对密实度、结构下方可液化土层厚度、结构埋深、结构宽高比和地下水位高度。

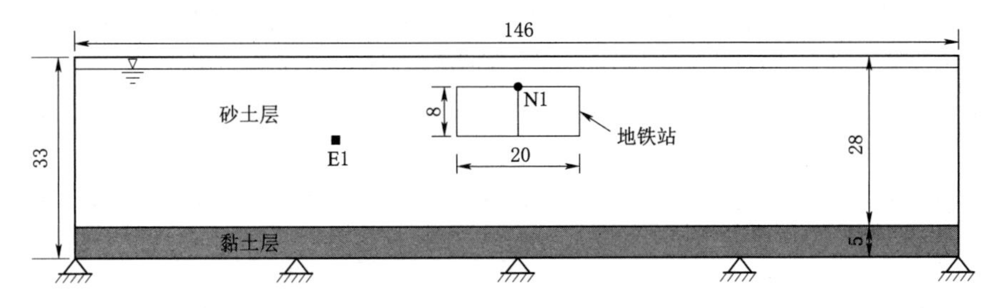

图 6.2 标准地铁站模型示意图（单位：m）

6.3.1 饱和砂土动力液化数值计算方法简介

基于 Biot 多孔介质弹性波传播、两相固结等理论[24-26]，1978 年 Akai 等[27] 提出了一种有限元-有限差分耦合的数值方法。随后，该方法由 Oka 等[28] 基于无限小应变假定扩展至饱和砂土动力液化方面的分析中。这种数值方法采用有限差分方法离散孔隙水压力相关项，采用有限元方法离散平衡方程，获得由 Zienkiewicz 等[29] 推广的归一化格式方程组。

对饱和砂土，假定土颗粒不可压缩且忽略孔隙流体的加速度，建立二相混合体的平衡方程式：

$$\frac{\partial \sigma_{ij}}{\partial x_j}+\rho b_i=\rho \ddot{u}_i^s \tag{6.13}$$

式中　σ_{ij}——总应力张量；

b_i——体力向量；

ρ——混合体的密度；

$\ddot{u}_i^s$——土骨架的加速。

对孔隙水，根据质量守恒原理，则可建立连续性方程：

$$\frac{n}{K^W}\frac{\mathrm{d}p^W}{\mathrm{d}t}-\frac{nk}{\gamma_W}\left(\frac{\partial^2 p^W}{\partial x_i^2}-\rho^W\ddot{\varepsilon}_{ii}^s\right)-\dot{\varepsilon}_{ii}^s=0 \tag{6.14}$$

式中　n——孔隙率；

K^W——水的体积模量；

p^W——孔隙水压力；

k——渗透系数；

$\dot{\varepsilon}_{ii}^s$——土骨架应变速率张量。

$\ddot{\varepsilon}_{ii}^s$——土骨架应变的二次导。

采用循环弹塑性本构模型[30-31] 来建立应力增量和应变增量的关系：

$$\mathrm{d}\sigma'_{ij}=D_{ijkl}^{ep}\mathrm{d}\varepsilon_{kl}^s \tag{6.15}$$

式中　$\mathrm{d}\sigma'_{ij}$——应力的增量形式；

$\mathrm{d}\varepsilon_{kl}^s$——应变的增量形式；

D_{ijkl}^{ep}——弹塑性刚度阵。

考虑动力阻尼和孔隙水压力的影响，可得 $u-p$ 格式下动力分析的控制方程：

$$\begin{cases}[M]\cdot\ddot{\boldsymbol{u}}_N+[C]\cdot\dot{\boldsymbol{u}}_N+[K]\cdot\Delta\boldsymbol{u}_N+\boldsymbol{K}_v p^W=\boldsymbol{F}-\boldsymbol{R}_t\\ \rho^W\boldsymbol{K}_V^T\cdot\ddot{\boldsymbol{u}}_N-\dfrac{\gamma_W}{nk}\boldsymbol{K}_V^T\cdot\dot{\boldsymbol{u}}_N+\boldsymbol{A}\cdot\dot{p}^W-\sum_{i=1}^{m}\alpha_i p_i^W+\alpha p^W=0\end{cases} \tag{6.16}$$

式中变量详见文献 [32]。

在时间域采用 Newmark 法对速度和位移进行离散，建立 $t+\Delta t$ 时刻与 t 时刻加速度、速度、和位移的关系：

$$\ddot{\boldsymbol{u}}_{t+\Delta t}=\ddot{\boldsymbol{u}}_t+\Delta\ddot{\boldsymbol{u}} \tag{6.17}$$

$$\dot{\boldsymbol{u}}_{t+\Delta t}=\dot{\boldsymbol{u}}_t+[(1-\gamma)\ddot{\boldsymbol{u}}+\gamma\ddot{\boldsymbol{u}}_{t+\Delta t}]\times\Delta t \tag{6.18}$$

$$\boldsymbol{u}_{t+\Delta t}=\boldsymbol{u}_t+\dot{\boldsymbol{u}}\times\Delta t+\frac{1}{2}[(1-2\beta)\ddot{\boldsymbol{u}}_t+2\beta\ddot{\boldsymbol{u}}_{t+\Delta t}]\times\Delta t^2 \tag{6.19}$$

将式 (6.15) 和式 (6.16) 代入式 (6.13) 中，得控制方程的最终表达形式为式 (6.20)。

$$\begin{bmatrix} [M]+\Delta t\gamma[C]_{t+\Delta t}+\Delta t^2\beta[K]_{t+\Delta t} & \Delta t K_V \\ \left\{\rho^W-\dfrac{\gamma_W\Delta t\gamma}{nk}\right\}K_V^T & (A+\alpha\Delta t) \end{bmatrix}\begin{Bmatrix} \ddot{\boldsymbol{u}}_{t+\Delta t} \\ \dot{p}^W_{t+\Delta t} \end{Bmatrix}\begin{Bmatrix} 0 \\ \Delta t\sum_{i=1}^{m}\alpha_i\dot{p}^W_{i,t+\Delta t} \end{Bmatrix}=$$

$$\begin{Bmatrix} \boldsymbol{F}_{t+\Delta t}-\boldsymbol{R}_t-[C]_{t+\Delta t}\{\dot{\boldsymbol{u}}_t+\Delta t(1-\gamma)\ddot{\boldsymbol{u}}_t\}-[K]_{t+\Delta t}\left\{\Delta t\dot{\boldsymbol{u}}_t+\Delta t^2\left(\dfrac{1}{2}-\beta\right)\ddot{\boldsymbol{u}}_t\right\}-K_V p^W_t \\ \dfrac{\gamma_W}{nk}K_V^T\{\dot{\boldsymbol{u}}_t+\Delta t(1-\gamma)\ddot{\boldsymbol{u}}_t\}+\sum_{i=1}^{m}\alpha_i p^W_{i,t}-\alpha p^W_t \end{Bmatrix} \tag{6.20}$$

式中变量详见文献［32］。

由式（6.20）可求出 $t+\Delta t$ 时刻的加速度变化量 $\ddot{\boldsymbol{u}}_{t+\Delta t}$ 和孔隙水压力 $p^w_{t+\Delta t}$。然后，再通过式（6.17）～式（6.19）可求出 $t+\Delta t$ 的加速度、速度和位移。

6.3.2 地铁站场地数值模型的建立

模型网格全部划分为四节点的一阶四边形单元，共 1715 个节点、1588 个单元。模型底部采用完全固定的不排水边界，两侧采用不排水的等位移边界，即左右两侧边界的同一标高节点的水平位移和竖向位移在动力计算过程中保持一致，地下水位在地表下 2m 处，设为自由排水边界。为了减小边界效应的影响，在该模型两侧再分别增加 100m 的超长单元，如图 6.3 所示。

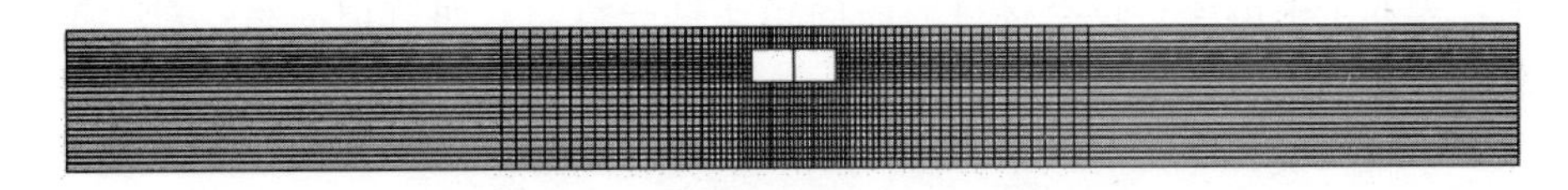

图 6.3 含地铁站场地模型单元网格图

模型中砂土采用前一节所述的基于无限小应变假设的循环弹塑性本构模型。Matsuo 等[33] 基于一系列含有可液化砂土层的土坝动力离心机试验结果及 1993 年 Hokkaido Nansei - Oki 地震中土坝地震破坏实例验证了该本构模型的正确性和有效性。此外，该本构模型包含液化机制，即当土体单元的有效围压小于一定值后，该单元的材料性质将由弹塑性模型转变为液化材料模型，单元的剪应力被设定为极小值、泊松比被设定为 0.5 来进行分析。黏土采用弹黏塑性模型，地铁结构和钢板截断墙采用线弹性材料梁单元模型进行模拟。其中，地铁结构采用梁单元，其抗弯刚度为 2.8×10^7 kNm^2，密度为 2.5×10^3 kg/m^3。地铁结构和土之间采用 Goodman 接触单元进行模拟，刚度系数为 2.0×10^3 kPa/m，接触面的摩擦角为 23°，取自文献［34］。材料参数见表 6.1，来源于文献［35］。最终模型包括梁单元与接触单元在内共计 1771 个节点，1701 个单元。

表 6.1 土 的 材 料 参 数

材 料 参 数	砂 土	黏 土
密度 ρ/(kg/m^3)	2.0×10^3	1.7×10^3
初始孔隙比 e_0	0.8	1.4

续表

材　料　参　数	砂　　土	黏　　土
压缩指数 λ	0.03	0.1
膨胀指数 κ	0.002	0.02
渗透系数 k/(m/s)	3.0×10^{-5}	1.0×10^{-7}
初始剪切模量比 G_0/σ'_{m0}	343.5	132.2
变相应力比 M_m	0.8	1.28
破坏应力比 M_f	1.0	1.31
硬化参数 B_0，B_1，C_f	4000，40，0	5000，50，0
超固结比 OCR	1.2	1.2
膨胀系数 D_0，n	1.0，2.0	—
基准塑性应变 γ^p，	0.003	—
基准弹性应变 γ^e	0.035	—
黏塑性参数 C_{01}，C_{02} (1/s)	—	5.5×10^{-6}，7.8×10^{-7}
黏塑性参数 m_0	—	14
G_2	—	9139.8

注　“—”表示不存在。

其中，表 6.1 中出现了砂土材料的超固结比这一概念。而所谓固结，对于饱和土而言，荷载增加时，土体一般是逐渐被压缩，部分水量从土体中排出，土中超静孔隙水压力相应地转为土粒间的有效应力，直至变形趋于稳定，这一变形的全过程称为固结。而砂性土及粗颗粒土的变形很快会达到最大值，与时间关联很小，所以严格地说砂土不存在固结这样的概念。但将砂性土放入固结仪里压缩，也确实存在随压力增大，孔隙比逐渐减小的现象，卸载回弹后，也确实存在不可回弹的塑性应变。实际岩土工程中，对于无黏性土，有比超固结土、欠固结土更直观的表述方法，那就是相对密实度、压实度等，但为了表述历史上曾经受到过的最大压力，用相对密实度、压实度等指标都无法准确表达，因此借用黏土的超固结、欠固结这一表达更直观。另外，本书所采用的模拟砂土力学性质的循环弹塑性本构模型是基于临界状态的剑桥模型发展而来的。众所周知，剑桥模型是基于正常固结的重塑黏土推导而来，在剑桥模型的发展过程中逐渐引入了超固结比这一概念来模拟超固结重塑黏土，并最终发展为模拟砂土力学性质的循环弹塑性本构模型，模型中超固结比 OCR 也沿用下来，来反映砂土应力历史，因此也就有了砂土的超固结比 OCR 这一参数。

本书所采用的地震波为 1995 年神户地震波的南北方向分量，峰值加速度约为 818gal，如图 6.3 所示。地震波的幅值在本研究中有所折减，一般化模型中峰值加速度为 0.1g，地震持续时间为 24s。接下来将分别分析这 7 个影响因素，在一般化模型基础上，分别改变上述 7 个影响因素，构建不同的数值模型，分析以上 7 个单一因素对场地液化及沉降或上浮灾害的所造成的影响。数值模拟结果也将主要关注场地液化情况和地铁站沉降或上浮情况。

6.3.3 地表峰值加速度对上浮的影响

对一般化地铁站模型加载不同地表峰值加速度地震波，所采用的地震波同为1995年神户地震波的南北方向分量，见图6.4峰值加速度约为818gal，将其分别折减为0.4g、0.3g、0.2g、0.1g和0.05g，但保持其周期性不变，地震持续时间均为24s。此时除地震波峰值加速度外的其他因素均相同，只考虑地震波峰值加速度对场地的影响，重点考察不同峰值加速度作用下，最终时刻场地液化及土体变形情况以及结构底部左侧约30米处砂土层超孔压比（EPWPR）时程变化情况，位置见图6.2中单元E1，与结构顶部中心点时程位移曲线，位置见图6.2中节点N1。

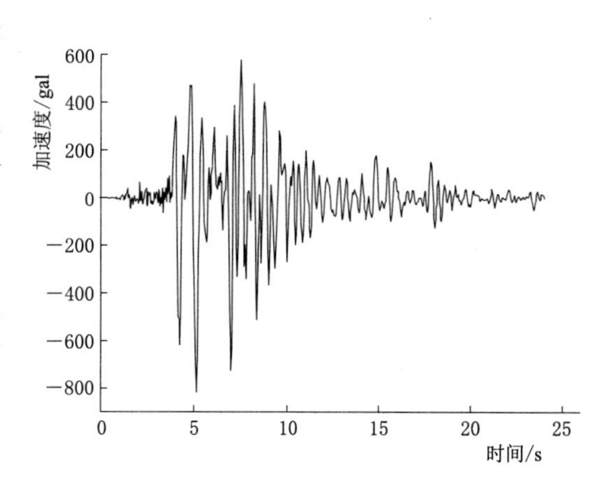

图6.4 地震波时程曲线

场地左侧30米处单元E1的超孔隙水压力比时程曲线如图6.5所示。从中可以看出场地在0.05g地震波作用下，结构下方土层尚未液化，而其他强度地震波作用下场地的可液化土层均发生了液化，而且随着峰值加速度的增大，场地液化程度也逐渐加深。另外需要指出，一般化模型中上覆土层采用的是均质松砂，在0.05g地震波作用下只是结构两侧局部土体发生轻微液化，结构下方土体并未发生液化，文中所关注是否液化的土体单元也是结构下方一侧的土体单元，在0.05g地震波作用下并未液化，且结构也未发生上浮灾害。

结构顶板中心处N1的竖向位移时程曲线如图6.6所示。除了0.05g峰值加速度地震波作用下完全不液化的场地外，其余的模型当孔压累积到场地不完全液化时（约8s处）N1点竖向位移开始增大，而当场地完全液化后（约10s处）竖向位移进入平稳增长阶段，此时起超孔压比不再升高，而竖向位移继续增长。当地震结束，此时的地铁站均发生严重的结构上浮灾害。

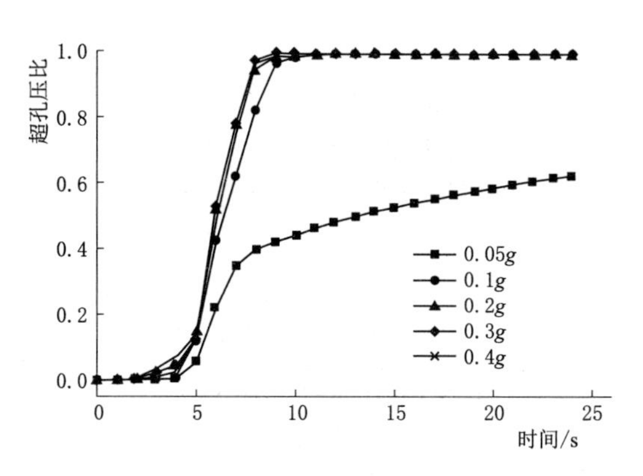

图6.5 不同峰值加速度作用下E1单元超孔压比时程曲线

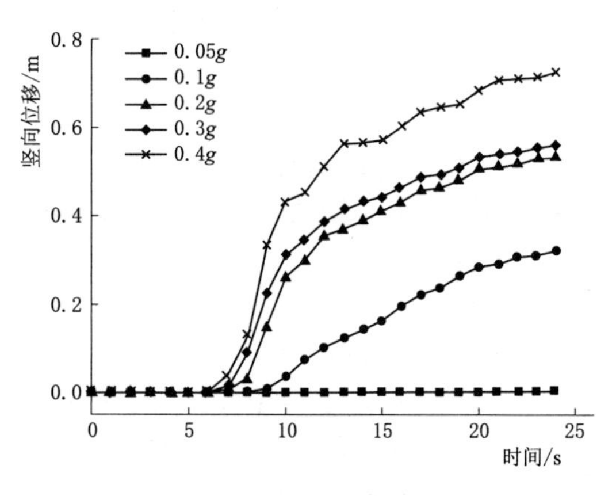

图6.6 不同峰值加速度作用下N1竖向位移时程曲线

6.3.4　地震持续时间对上浮的影响

对一般化地铁站模型施加不同时长的荷载地震波如图 6.4 所示，将其折减为一般化模型的 0.1g 峰值加速度。分别考察地震波加载 8s、17s、24s 时长时地震液化情况，如图 6.7 所示。此时只考虑地震波持续时间对场地液化的影响，重点考察此时分别加载不同时

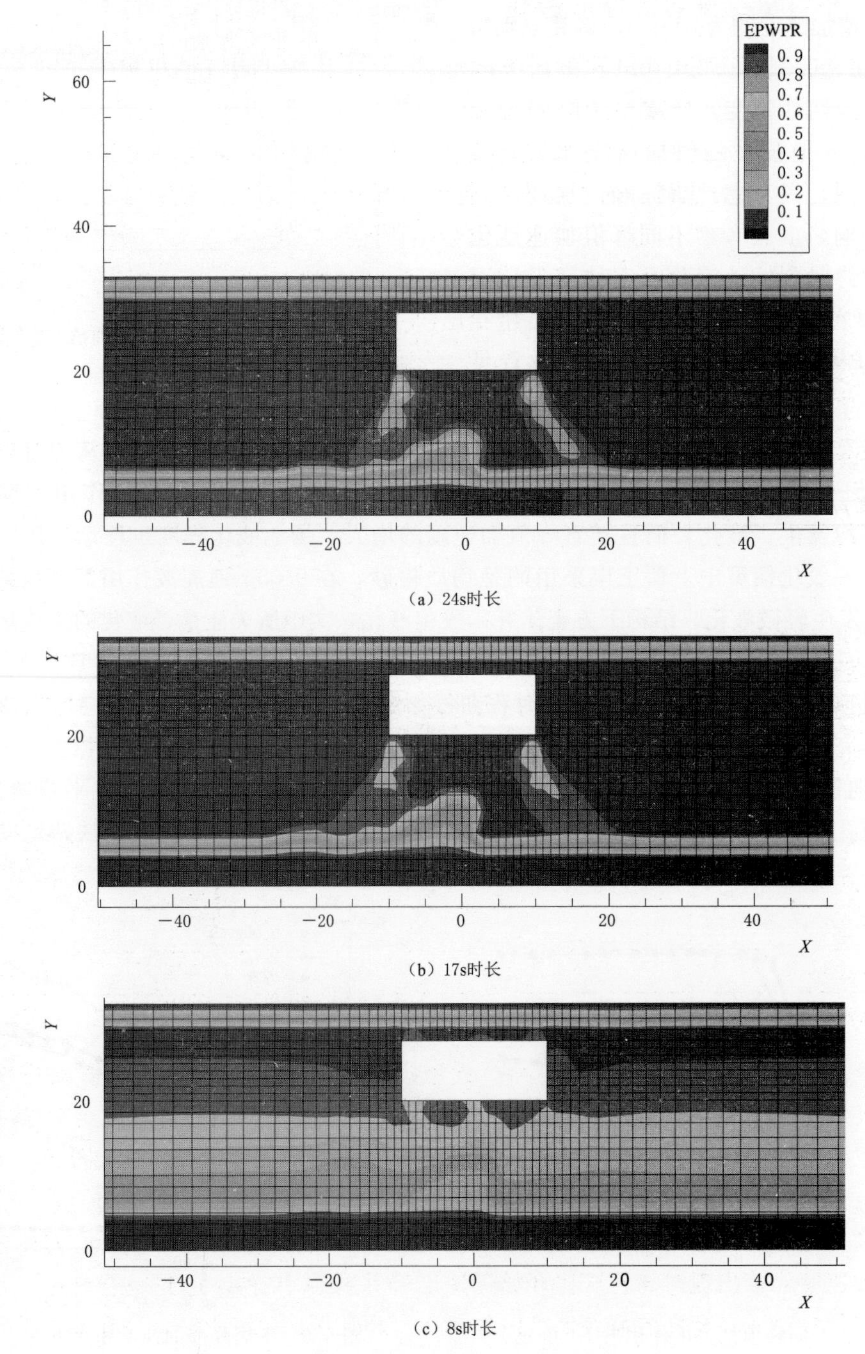

(a) 24s时长

(b) 17s时长

(c) 8s时长

图 6.7　不同地震波时长作用下场地的超孔压比

长地震波时场地液化及土体变形情况。由图 6.7（a）和（b）可以看出，场地地震波加载 17s 与 24s 的情况下液化土层大部分区域均发生完全液化，只是地铁站下方的液化程度略有不同，而只加载 8s 地震波时，场地大部分区域尤其地铁站下方土层均未发生液化。因此地震波持续时间将影响场地液化程度，进而影响结构的上浮量。

6.3.5　相对密实度对上浮的影响

相对密实度 D_r 与土体的孔隙比密切相关，孔隙比越小，土体越密实，抗液化性能越好。大量的室内试验和场地液化数据显示相对密实度或孔隙比是抗液化的一个重要因素，当纯净砂土和粉质砂土的相对密实度小于 50%时，强震中土体很容易发生液化。当相对密实度大于 75%时，土体一般不会发生液化，因为对于非常密实度的砂土，在循环剪切中会出现剪胀现象，产生的负孔隙水压力会起到抗液化的效果。本节着重分析不同砂土相对密实度对场地液化以及土体变形结构上浮的影响。将在一般化地铁站模型基础上改变上覆砂土层的相对密实度。文献［36］中给出同一土体三种相对密实度状态下的土体参数见表 6.2。

表 6.2　　不同相对密实度砂土的材料参数

材料参数	松砂 $D_r=30\%$	中密砂 $D_r=60\%$	极密砂 $D_r=90\%$
密度 $\rho/(\mathrm{kg/m^3})$	2.0×10^3	2.0×10^3	2.0×10^3
初始孔隙比 e_0	0.8	0.667	0.63
压缩指数 λ	0.03	0.03	0.03
膨胀指数 κ	0.002	0.002	0.002
渗透系数 $k/(\mathrm{m/s})$	2.4×10^{-5}	1.9×10^{-5}	1.6×10^{-5}
初始剪切模量比 G_0/σ'_{m0}	343.5	566.9	699.9
变相应力比 M_m	0.8	0.85	0.714
破坏应力比 M_f	1.0	1.1	1.29
硬化参数 B_0，B_1，C_f	4000，40，0	5000，50，0	10000，100，0
超固结比 OCR	1.2	1.2	1.2
膨胀系数 D_0，n	1.0，2.0	0.67，5.0	0.22，10
基准塑性应变 γ^p	0.003	0.008	0.10
基准弹性应变 γ^e	0.035	0.09	1000

该组模型采用一般化模型相同的荷载地震波如图 6.4 所示，且峰值加速度折减为 $0.1g$。除此砂土相对密实度外，模型其余条件均与一般化模型相同，并着重研究其对场地液化以及场地土体变形结构上浮情况的影响，其中图 6.2 中的单元 E1 同样为地铁站下方土层左侧约 30 米处的土体单元，N1 为各模型中地铁站顶板中心处节点。

结构下层土体左侧 30m 处单元 E1 的超孔压比时程曲线如图 6.8 所示。其中松砂场地在地震加速度峰值出现时超孔压比开始迅速上升并在约 10 秒时达到完全液化。而中密砂场地相同位置单元在相同的荷载地震波作用下，超孔压比逐渐上升，并在地震作用后期逐渐达到不完全液化状态。而极密砂场地该位置单元则在相同的荷载地震波作用下缓慢上升，但始终处于未液化的状态。结构顶板中心位置节点N1竖向位移的时程曲线如图6.9所示，显示只有松砂场地中地铁站发生了明显的上浮灾害，中密砂与极密砂场地中地铁站并未发生液化上浮灾害。

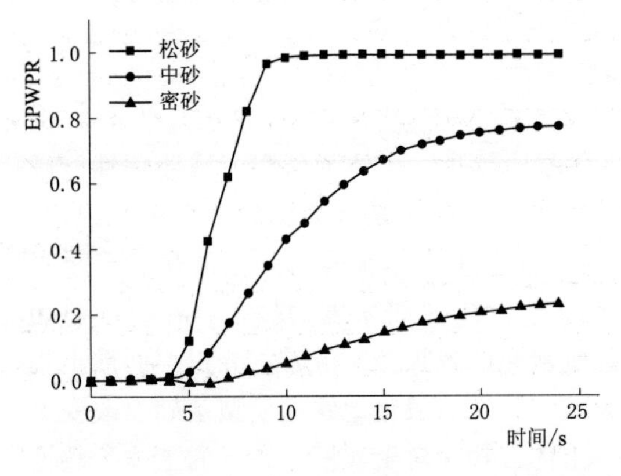

图6.8 不同 D_r 砂土场地的超孔压比时程曲线

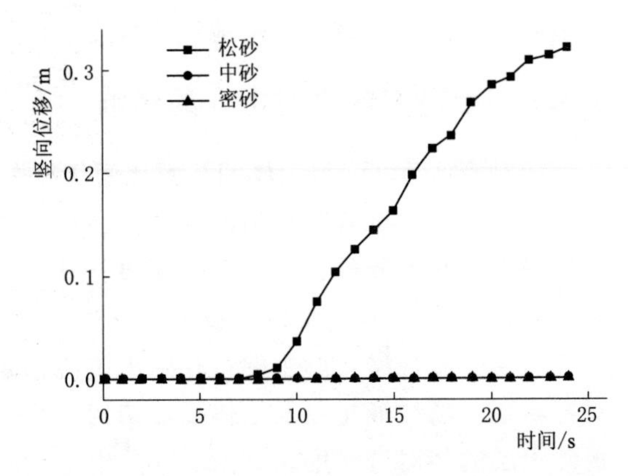

图6.9 不同 D_r 砂土场地N1处竖向位移时程曲线

6.3.6 结构下方可液化土层厚度对上浮的影响

砂土层的厚度会影响地震中孔隙水压力的聚集程度，厚度越小，砂土层中的含水量越少，地震时只有少量的孔隙水在砂土层中聚集，很难达到液化发生所需要的超孔隙水压力。本节所研究的影响因素为结构下方可液化土层厚度，将在一般化地铁站模型基础上改变黏土层与上覆砂土层的厚度。地铁站下方砂土层将分别取15m、10m、5m和0m（0m即地铁站结构底部直接与黏土层接触），所建立的模型如图6.10所示。

模型上部为松砂，模型材料属性见表6.1。该组模型采用相同的荷载地震波如图6.3所示，峰值加速度折减为0.1g。除此地铁站下方可液化土层厚度外，模型其余条件均与一般化模型相同，并着重研究其对场地液化以及场地土体变形结构上浮情况的影响，其中图6.10（a）、（b）和（c）中的单元E1同样为地铁站下方土层左侧约30m处的土体单元，而图6.10（d）中，由于地铁站结构底部直接接触黏土层，所以此模型中E1取在相同位置上一层的砂土单元作为考察对象。N1为各模型中地铁站顶板中心处节点。

地铁站顶板中心处的竖向位移时程曲线图如图6.11所示，地铁站下方可液化土层分别为15m、10m、5m时，结构均发生明显上浮灾害。地铁站底部直接接触黏土层时，尽管上层砂土发生了液化，但地铁站结构并未发生液化上浮。因此，地铁结构下方的可液化砂土层厚度对结构的上浮量有一定影响，且可液化层厚度越大，结构的上浮量越大。

6.3.7 地下结构物埋深对上浮的影响

通常土层埋深越深，上覆有效应力越大，可液化层需要达到液化时的超孔隙水压力要越大，土层越难液化。此外，对于液化后的土层，其随着埋深的增加，地下结构的上浮和地基的沉降也会随之减小。本节将着重研究地铁站埋深对场地液化以及土体变形结构上浮灾害的影响。同样以一般化模型为基础，改变地铁站的埋深，分别取埋深为5m、10m、

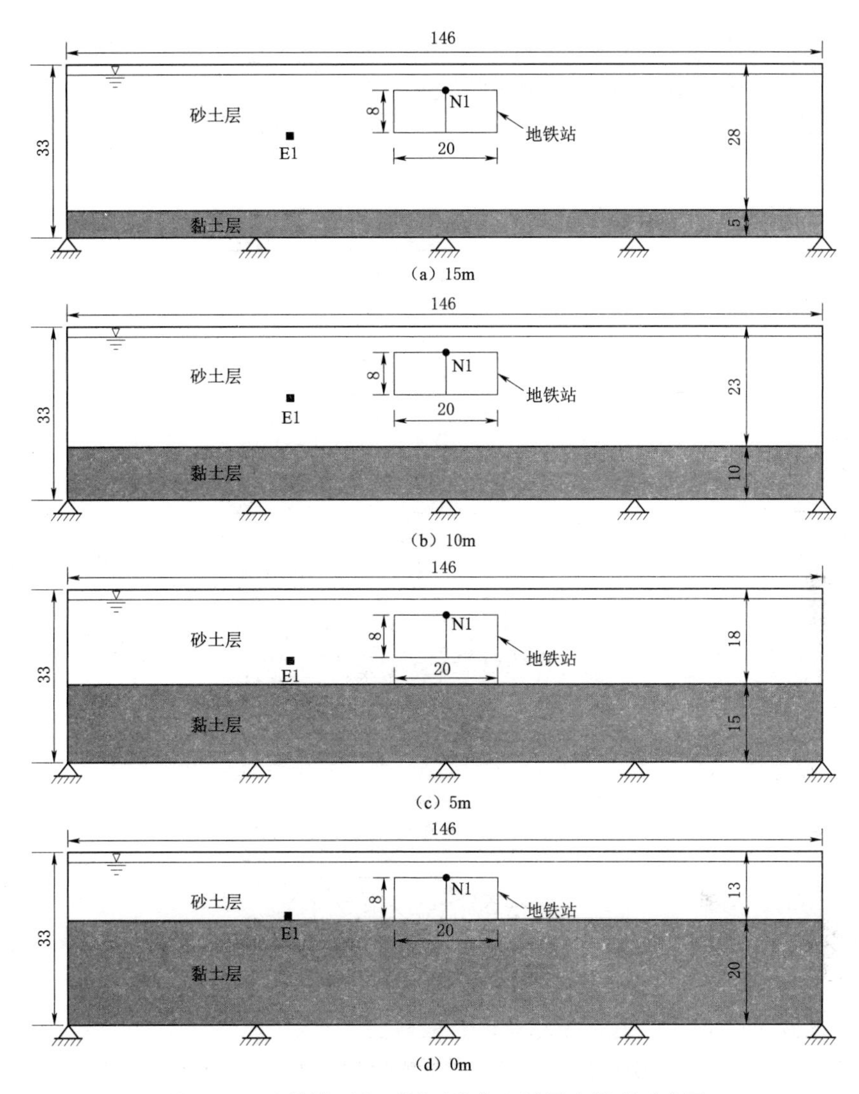

图 6.10 地铁站下方不同可液化土层厚度模型示意图

15m 建立数值模型，所得数值模型如图 6.11 所示。

模型上部为松砂，土层厚度 28m，地铁站处于不同埋深均处于砂土层之中，模型材料属性见表 6.1。该组模型采用的地震波如图 6.4 所示，峰值加速度折减为 0.1g。图 6.12 中的单元 E1 同样为地铁站下方土层左侧约 30m 处的土体单元，单元位置随地铁站埋深不同而变化，N1 为各模型中地铁站顶板中心处节点，重点研究地铁站埋深对场地液化以及场地土体变形

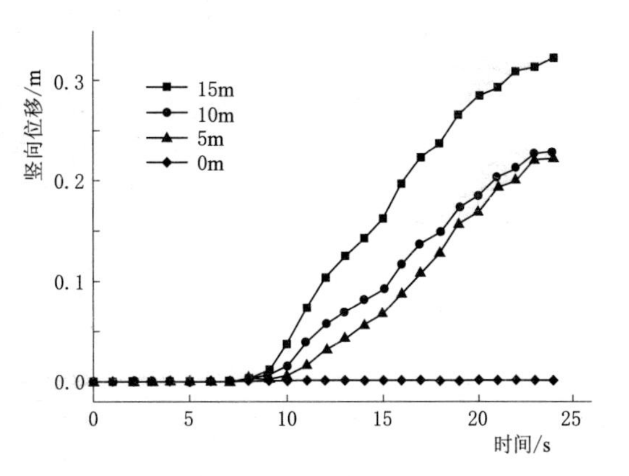

图 6.11 地铁站下方不同可液化土层厚度场地的 N1 处竖向位移时程曲线

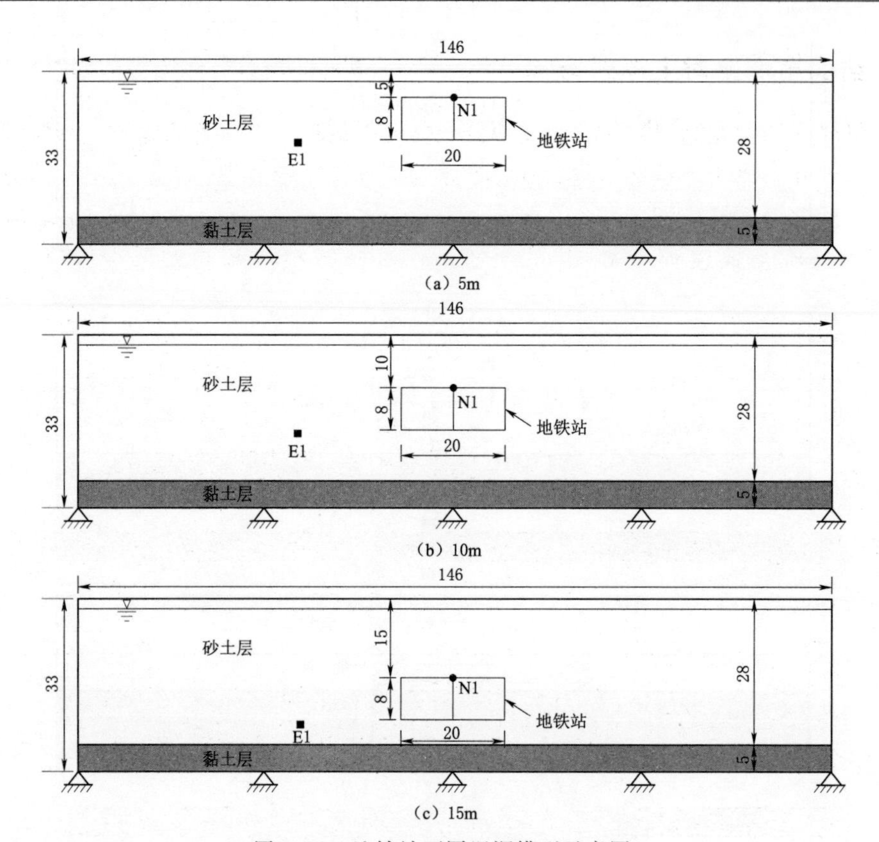

图 6.12 地铁站不同埋深模型示意图

结构上浮情况的影响。

E1 单元超孔压比时程曲线如图 6.13 所示，不同埋深场地均发生完全液化，且随着埋深的增加超孔压比的增长也略缓慢些，这也体现出上覆有效应力与埋深的高度相关，以及结构埋深或者说上覆有效应力对场地液化的影响。

N1 处竖向位移时程曲线如图 6.14 所示，场地均发生液化的情况下，场地土体均发生一定的变形，但随着地铁站埋深的增加，地铁站结构上浮量大幅降低，埋深至 10m 时地铁站结构上浮量较小，至 15m 埋深时模型网格虽有变形，但地铁站结构上浮已不明显。

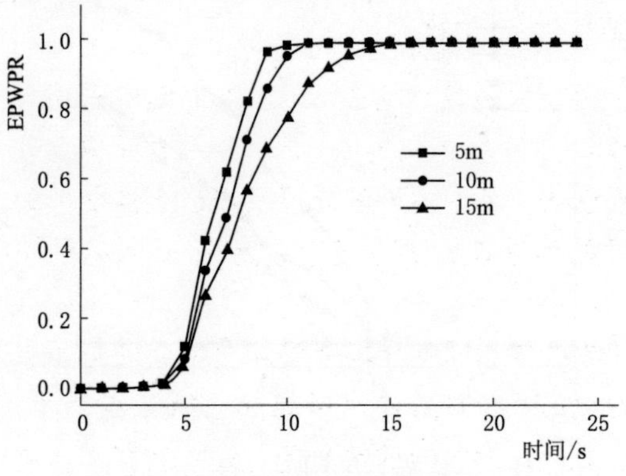

图 6.13 地铁站不同埋深场地的 E1 单元超孔压比时程曲线

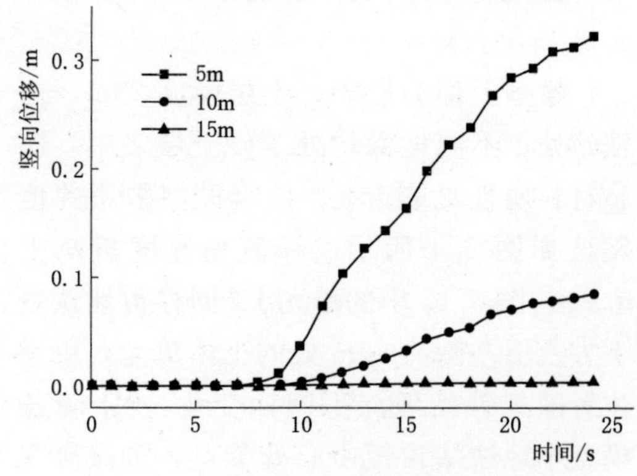

图 6.14 地铁站不同埋深场地的 N1 处竖向位移时程曲线

6.3.8　结构高宽比对上浮的影响

本节将研究结构宽高比对场地液化以及土体变形结构上浮灾害的影响。同样以一般化模型为基础，并不改变地铁站结构高度，通过改变地铁站的宽度，来达到调整结构宽高比的目的。一般化地铁站模型宽度为 20m，另外分别取 15m 和 25m 作为地铁站结构宽度建立数值模型，所得数值模型如图 6.15 所示，对应的结构宽高比依次为 1.875、2.5 和 3.125。

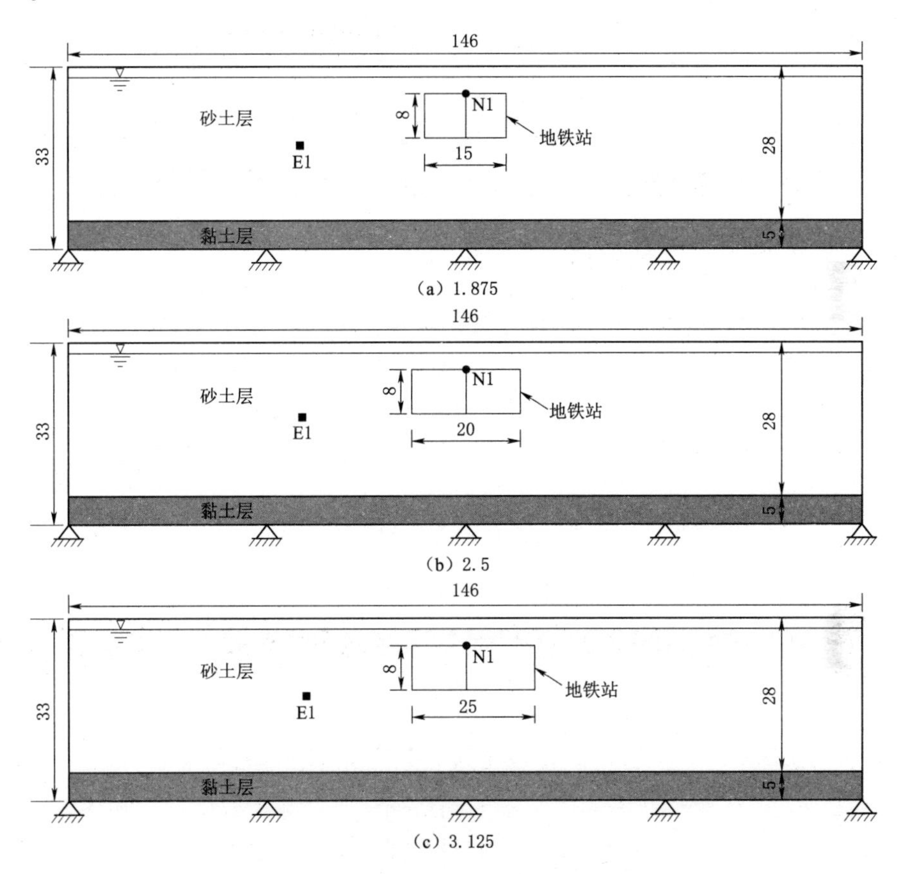

图 6.15　地铁站不同宽度模型示意图

模型上部砂土层为松砂，砂土层厚度 28m，模型材料属性见表 6.1。该组模型采用一般化模型相同的荷载地震波如图 6.4 所示，且峰值加速度折减为 0.1g。除了地铁站宽度不同，模型其余条件均与一般化模型相同，并着重研究其对场地液化以及场地土体变形结构上浮情况的影响，其中图 6.15 中的单元 E1 同样为地铁站下方土层左侧约 30 米处的土体单元，N1 为各模型中地铁站顶板中心处节点。

E1 单元超孔压比时程曲线如图 6.16 所示，地铁站不同宽度场地均发生完全液化，自由场超孔压比的发展趋势完全一致，可以看出地铁站结构高宽比场地液化的影响很小。N1 处竖向位移时程曲线如图 6.17 所示，在场地液化程度相同的情况下，地铁站宽高比越大越能抵御由地震液化导致的地铁站结构上浮。

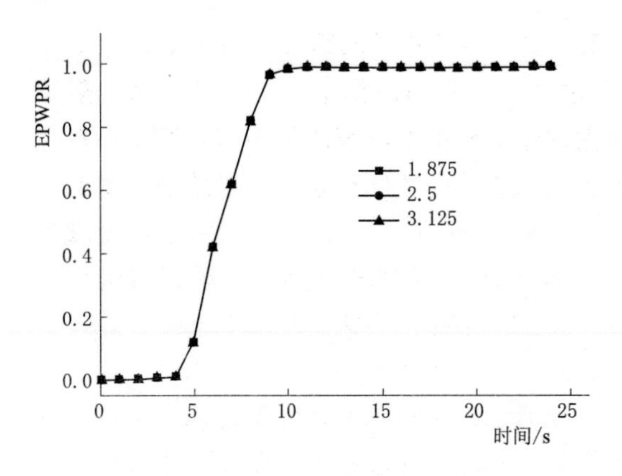

图 6.16　地铁站不同宽度场地 E1 单元超孔压比时程曲线

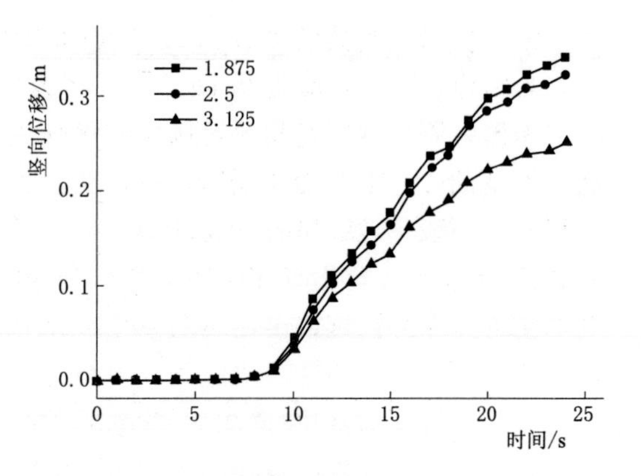

图 6.17　地铁站不同宽度场地的 N1 处竖向位移时程曲线

6.3.9　地下水位对上浮的影响

本节将着重研究场地地下水位对场地液化以及土体变形结构上浮灾害的影响。同样以一般化模型为基础，改变场地地下水位深度，分别取地下水位深度为 2.0m、3.5m、5.0m 建立数值模型，所得数值模型如图 6.18 所示。模型上部砂土层为松砂，砂土层厚

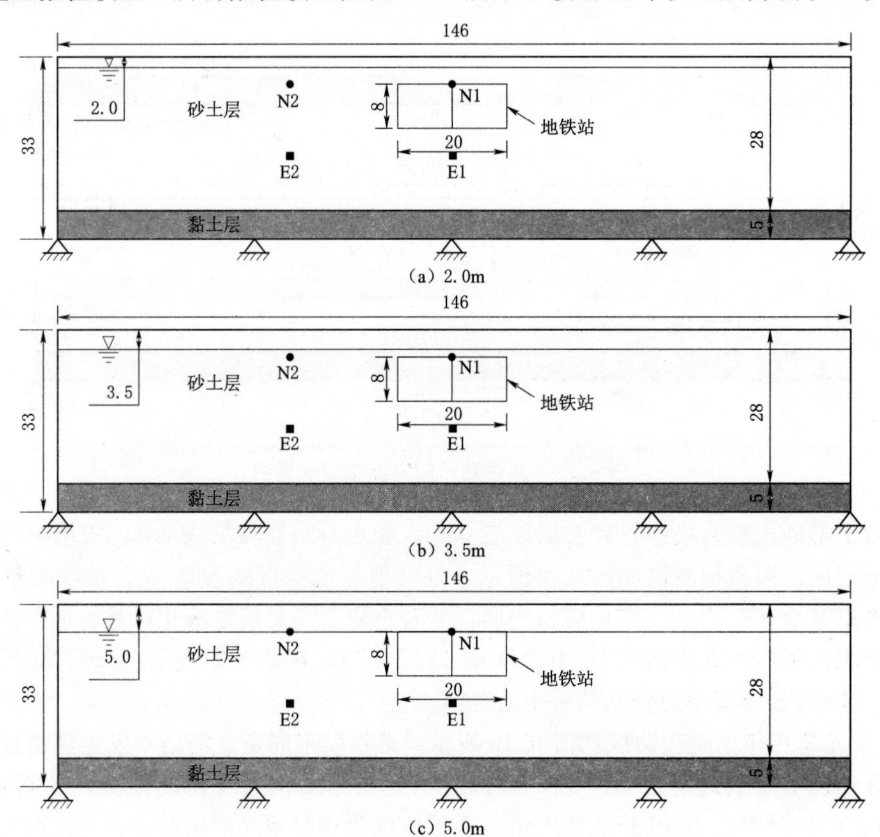

图 6.18　地铁站不同地下水位深度模型示意图

度 28m，模型材料属性见表 6.1。该组模型采用一般化模型相同的荷载地震波如图 6.3 所示，且峰值加速度折减为 0.1g。除了场地地下水位深度不同，模型其余条件均与一般化模型相同，并着重研究其对场地液化以及场地土体变形结构上浮情况的影响，其中的单元 E1 同样为地铁站下方土层左侧约 30m 处的土体单元，单元位置随地铁站埋深不同而变化 N1 为各模型中地铁站顶板中心处节点。

E1 单元超孔压比时程曲线如图 6.19 所示，在不同的地下水位条件下受到地震荷载时，场地大部分区域都迅速达到完全液化状态，E1 单元液化程度与超孔压比时程曲线十分相似，可认为不同地下水位条件下地铁结构一侧自由场地液化程度大体一致。

N1 处竖向位移时程曲线如图 6.20 所示，不同地下水位条件下，虽然场地整体液化程度一致，但场地土体网格变形与地铁站结构顶板中心竖向位移就有略有差异，随着地下水位降低，地铁站结构上浮量有减小的趋势。

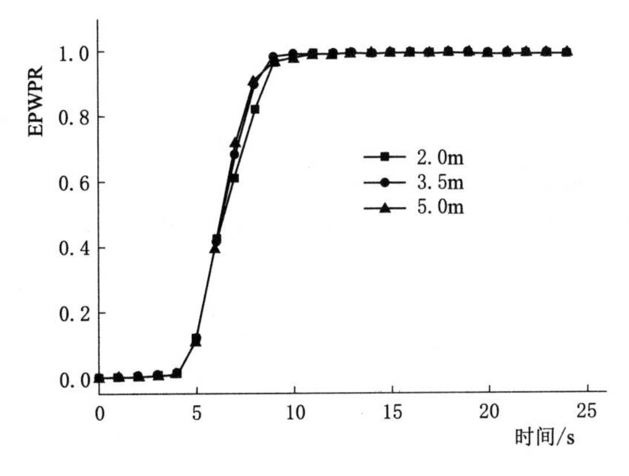

图 6.19　地铁站不同宽度场地 E1 单元超孔压比时程曲线

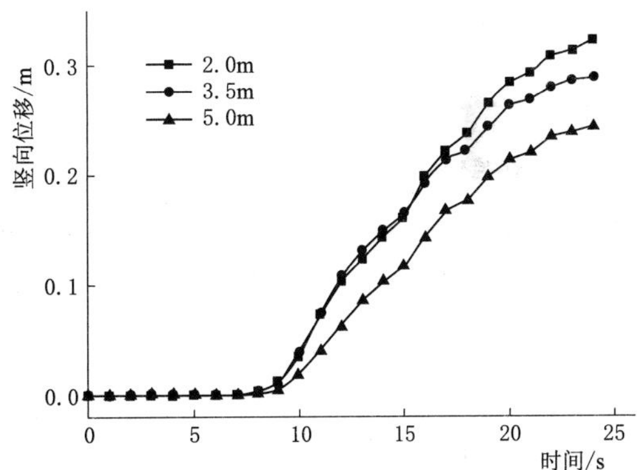

图 6.20　地铁站不同地下水位深度场地的 N1 处竖向位移时程曲线

6.4　地下结构物地震液化上浮灾害评估模型的构建与应用

根据胡记磊[7] 采用的建模方法：首先基于领域知识，利用解释结构模型方法建立一个具有结构层次的初始贝叶斯网络模型，然后结合 K2 结构学习算法，使其能融合初始模型中的领域知识（变量之间的关系和排序及其父节点的最大个数）和结构学习中的数据信息，进行混合学习，从而建立地震液化导致地铁站上浮的贝叶斯网络评估模型。

6.4.1　含地下结构物场地地震液化上浮灾害数据库构建

6.3 节中的地铁站数值模型算例中，详细分析了地表峰值加速度、地震持续时间、砂土相对密实度、结构下方土层厚度、地下结构埋深、地下结构宽高比以及地下水位深度等 7 个重要的影响因素，接下来将这 7 个影响因素不同取值相互交叉组合来建立地震液化导致地铁站上浮灾害的数据库，以便于提供给震液化导致地铁站上浮的贝叶斯网络预测模型进行参数学习。共包含 315 个算例，将每个算例中的得到最终时刻单元 E1 超孔压比和地铁站顶板中心处节点 N1 的竖向位移作为输出结果，同相应的 7 个影响因素一起建立形成

315 组样本数据，其中包括 82 组较大上浮量的算例，110 组较小上浮量的算例，以及 123 组未上浮的算例。对样本数据采用分层抽样，选取 252 组数据作为训练样本，其余的 63 组数据作为验证样本。7 个影响因素以及场地液化程度（超孔压比）、结构上浮量的等级划分说明见表 6.3。

表 6.3　　地震液化导致地铁站上浮灾害影响因素的等级划分

变　量	等级总数	级别	取值范围
峰值加速度	5	超大	0.4g
		大	0.3g
		高	0.2g
		中	0.1g
		低	0.05g
持续时间	3	长	24s
		中	17s
		短	8s
相对密实度	3	松砂	30%
		中密砂	60%
		极密砂	90%
地铁站下方可液化土层厚度	4	厚	15m
		中	10m
		薄	5m
		无	0m
地铁站埋深	3	深	15m
		中	10m
		浅	5m
结构宽高比	3	大	3.125
		中	2.5
		小	1.875
地下水位	3	深	5m
		中	3.5m
		浅	2m
超孔压比	3	完全液化	$\geqslant 0.99$
		部分液化	$0.99 > E > 0.7$
		未液化	$E < 0.7$
结构上浮量	3	大	$D \geqslant 0.2$m
		小	$0.2 > D \geqslant 0.002$m
		无影响	$0.002 > D$

6.4.2 模型构建及模型预测性能分析

构建的贝叶斯网络液化上浮预测模型如图 6.21 所示。采用评估模型的预测性能。模型预测性能的评估指标计算方法见式（2.26）～式（2.29），最终场地液化程度与结构上浮量预测结果的评估指标值见表 6.4。除不完全液化状态下 E1 的超孔压比 Pre 值预测较小外，其他指标值都比较大，表明模型具有较好的预测性能。

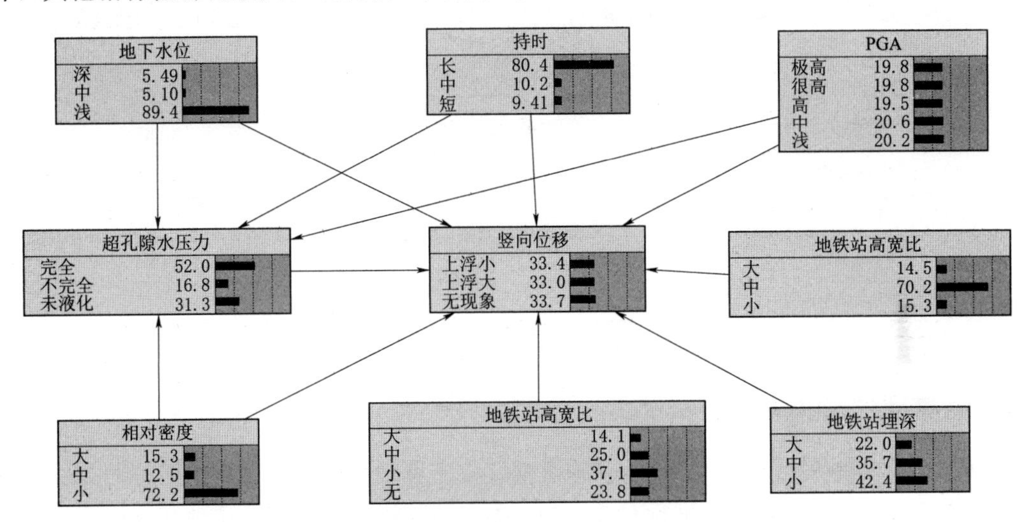

图 6.21 地震液化导致地铁站上浮的贝叶斯网络预测模型

表 6.4 **贝叶斯网络模型预测性能**

灾害类别	*OA*	状态	*Rec*	*Pre*	F_1
E1 超孔压比	0.971	未液化	0.870	1.000	0.930
		不完全液化	1.000	0.583	0.737
		完全液化	0.939	1	0.969
结构上浮量	0.921	上浮量大	0.938	1	0.968
		上浮量小	0.917	0.733	0.815
		无影响	0.917	0.957	0.937

6.4.3 因素敏感性分析

地震液化导致结构上浮的原因相当复杂，影响因素也很多。贝叶斯网络模型地震液化上浮灾害影响因素的敏感性分析结果见表 6.5，为了便于对比分析，将参数的敏感性计算结果进行了标准化。

在场地液化程度敏感性分析结果中，贡献率（相对重要性）较大的两个因素是砂土的相对密实度与峰值加速度，上覆砂土层的密实程度荷载地震波的大小直接影响场地是否发生液化，另外，砂土液化是一个孔隙水压力不断累积的过程，因此，地震持续时间对液化也有一定程度的影响。

在结构上浮量敏感性分析结果中，贡献率较大的 4 个影响因素分别为结构下方可液化土层厚度、场地液化程度、峰值加速度、地震持续时间。前两个因素综合起来即是结构下方有充分厚度的完全液化土体，使结构漂浮在已处于流体状态的液化场地中，导致结构上浮发生破坏。另外荷载地震波的峰值加速度与持续时间也对结构上浮量有重要影响。

表 6.5　　地铁站地震液化上浮灾害的敏感性分析

变　量	场地液化程度	结构上浮量
峰值加速度	0.365	0.181
地震持续时间	0.049	0.161
相对密实度	0.578	0.075
结构下方可液化土层厚度	0	0.285
结构埋深	0	0.043
结构宽高比	0	0.006
地下水位	0.008	0.004
场地液化程度	—	0.245

注　“—”表示不存在。

6.4.4　模型的通用性验证

为了验证本节所建立的地下结构物地震液化灾害评估模型的通用性，能够对类似工况下一般性模型的地震液化灾害进行有效预测，本小节将以文献［37］中地铁站模型模拟结果为例，对地震液化上浮灾害进行评估，进而验证模型的预测性能。

首先，对文献中未采用抗液化措施的对比数值模型进行评估模型参数简化，提取该数值模型的七个重要影响因素，并进行参数分级，详见表6.6。由于该文献与本书采用了不同的土的本构模型以及不同的数值分析软件，该数值模型并没有超孔隙水压力比这一概念，但文中同样得出了该工况下结构下方土体完全液化的结论，因此场地液化程度这一参数与本书依然具备可比性。最终文献数值模型中结构上浮量为41cm，可认定上浮量级别为大。

表 6.6　　文献中给定工况下数值模型的评估模型参数

模型变量	工况数据	级　别
峰值加速度	0.5g	超大
持续时间	30s	长
相对密实度	40%	松砂
结构下方可液化土层厚度	12m	中
结构埋深	3m	浅
结构宽高比	2	中
地下水位	3m	浅
场地液化程度	—	完全液化
液化上浮量	0.41m	大

注　“—”表示不存在。

然后，将文献中的数值模型简化后所得到的7个评估模型参数输入到评估模型中即可得出该地下结构物地震液化灾害的评估结果，如图6.22所示。可以看出文献中数值模型在该工况下，由贝叶斯网络预测模型所进行评估的场地液化程度与液化上浮量均与文献中的数值模拟结果一致。

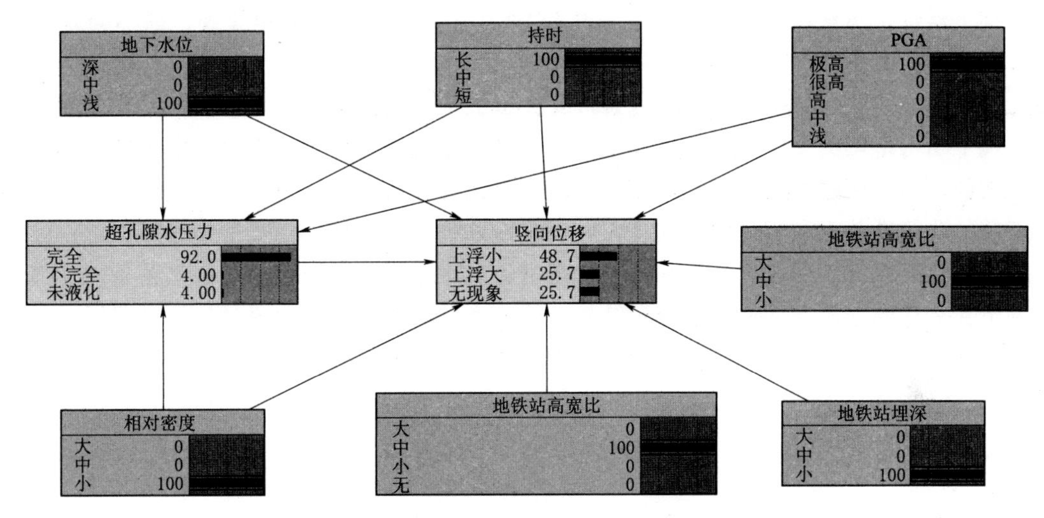

图6.22 文献中给定工况下数值模型的贝叶斯网络预测模型

6.5 本章总结

本章筛选并分析了影响带地下结构物（以地铁站为代表）场地地震液化及结构上浮的7个因素：地表峰值加速度、持续时间、砂土相对密实度、地铁站下方可液化土层厚度、地铁站埋深、地铁站结构宽高比、地下水位深度。通过建立有限元数值模型，分别对上述影响因素进行分析。

地表峰值加速度是影响场地地震液化以及土体变形结构上浮的重要影响因素，峰值加速度超过0.1g的荷载地震波即可造成场地整体液化，而且随着峰值加速度的增大地下结构上浮量也随之增大。

地震持续时不仅影响场地液化，对地下结构上浮同样有重要影响，当土体完全液化后，持续施加地震荷载，地下结构的上浮量将随之增大。

相对密实度与土体的孔隙比密切相关，孔隙比越小，土体越密实，抗液化性能越好。大量的室内试验和场地液化数据显示相对密实度或孔隙比是抗液化的一个重要因素，当土体不发生液化自然也不会导致地下结构的沉降或上浮灾害。

砂土层的厚度会影响地震中孔隙水压力的聚集程度，厚度越小，砂土层中的含水量越少，地震时只有少量的孔隙水在砂土层中聚集，很难达到液化发生所需要的超孔隙水压力。

结构埋深越深，上覆有效应力越大，可液化层需要达到液化时的超孔隙水压力要越大，土层越难液化。此外，对于液化后的土层，其随着埋深的增加，地下结构的上浮和地基的沉降也会随之减小。

地下结构的宽高比本身对于场地液化并不会产生太大影响，但宽高比更大的地下结构抵御液化上浮的能力也越强。

对于地下水位深度而言，水位的下降会在一定程度上抑制液化的发生，进而减小地铁站结构上浮量，当水位下降到可液化层之下时，这时无论多大地震等级，都不会发生液化，因为液化必须发生在饱和的土体中。

综合考虑了含地下结构物场地地震液化灾害的 7 个影响因素，基于贝叶斯网络方法构建了地下结构地震液化上浮的评估模型，并评估了地震液化导致地下结构上浮的贝叶斯网络模型的性能。所建立的贝叶斯网络模型能很好地处理地震液化导致地下结构上浮的影响因素间的非线性关系和不确定性问题，其不仅可以预测液化的发生概率，还可以进一步评估地下结构上浮灾害程度，而且该模型能进行逆向因果推理，评估场地和土体条件已知的情况下什么样的地震条件最可能导致结构上浮灾害的结果。此外，通过机器学习模型的敏感分析发现结构下方可液化土层厚度、场地液化程度、峰值加速度、地震持续时间为较敏感因素。

参考文献

[1] 川岛一彦. 地下构造の物耐震设计 [M]. 东京：鹿岛出版社，1994.

[2] HASHASH Y M A，HOOK J J，SCHMIDT B，et al. Seismic design and analysis of underground structures [J]. Tunnelling and Underground Space Technology，2001，16 (4)：247 - 293.

[3] 林刚，罗世培，倪娟. 地铁结构地震破坏及处理措施 [J]. 现代隧道技术，2009，46 (4)：36 - 42.

[4] HUANG Y，YU M. Review of soil liquefaction characteristics during major earthquakes in recent twenty years and liquefaction susceptibility criteria for soils [J]. Natural Hazards，2013，65：2375 - 2384.

[5] SCHMIDT B，HASHASH Y，STIMAC T. US immersed tube retrofit [J]. Tunnels Tunneling International Magazine，1998，30 (11)：22 - 24.

[6] 何剑平，陈卫忠. 地下结构碎石排水层抗液化措施数值试验 [J]. 岩土力学，2011，32 (10)：3177 - 3184.

[7] 胡记磊. 基于贝叶斯网络的地震液化风险分析模型研究 [D]. 大连：大连理工大学，2016.

[8] ROBINSON R. W. Counting unlabeled acyclic digraphs [C]. In：Proc of the 5th Australian Conference on Combinatorial Mathematics，Melbourne，Australian，1976，28 - 43.

[9] CHICKERING D M，Geiger D，Heckerman D. Learning Bayesian networks is NP - hard [R]. MSR - TR - 94 - 17，Redmond，Wirginia：Microsoft Research，1994.

[10] LAM W，BACCHUS F. Learning Bayesian belief networks：An approach based on the MDL principle [J]. Computational intelligence，1994，10 (3)：269 - 293.

[11] SCHWARZ G. Estimating the dimension of a model [J]. Annals of Statistics，1978，6：461 - 464.

[12] HECKERMAN D，GEIGER D，CHICKERING D M. Learning Bayesian networks：the combination of knowledge and statistical data [J]. Machine Learning，1995，20 (3)：197 - 243.

[13] 张振海，王晓明，党建武，等. 基于专家知识融合的贝叶斯网络结构学习方法 [J]. 计算机工程与应用，2014，50 (2)：1 - 4.

[14] 杨善林，胡笑旋，毛雪岷. 融合知识和数据的贝叶斯网络构造方法 [J]. 模式识别与人工智能，2006，19 (1)：31 - 34.

[15] 毕春光，陈桂芬. 基于专家知识的玉米病虫害贝叶斯网络的构建 [J]. 中国农机化学报，2013，34 (4)：104－107.

[16] 莫富强，王浩，姚宏亮，等. 基于领域知识的贝叶斯网络结构学习算法 [J]. 计算机工程与应用，2008，44 (16)：34－36.

[17] LI P，LIU L H，WU K Y，et al. Interleave division multiple－access [J]. IEEE Transactions on Wireless Communications，2006，5 (4)：938－947.

[18] FLORES J M，NICHOLSON A E，BRUNSKILL A，et al. Incorporating expert knowledge when learning Bayesian network structure：A medical case study [J]. Artificial Intelligence in Medicine，2011，53 (3)：181－204.

[19] MASEGOSA A R，MORAL S. An interactive approach for Bayesian network learning using domain/expert knowledge [J]. International Journal of Approximate Reasoning，2013，54：1168－1181.

[20] HAMMING R W. The art of probability for scientists and engineers [M]. Redwood City，California：Addison－Wesley Publishing Company，1991.

[21] MACKAY D J C. Introduction to Monte Carlo methods. In Learning in Graphical Models [M]. Cambridge：Kluwer Academic Press，1998.

[22] HECKERMAN D，GEIGER D. Learning Bayesian networks：a unification for discrete and Gaussian domains [C]. In Proc. of the 11th International Conference on Uncertainty in Artificial Intelligence，San Francisco，CA，1995，274－284.

[23] LAURITZEN S L. The EM algorithm for graphical association models with missing data [J]. Computational Statistics and Data Analysis，1995，39：191－201.

[24] BIOT M A. Theory of propagation of elastic waves in a fluid－saturated porous solid. II. Higher frequency range [J]. The Journal of the acoustical Society of America，1956，28 (2)：179－191.

[25] BIOT M A. Generalized theory of acoustic propagation in porous dissipative media [J]. The Journal of the Acoustical Society of America，1962，34 (9A)：1254－1264.

[26] BIOT M A. General theory of three－dimensional consolidation [J]. Journal of applied physics，1941，12 (2)：155－164.

[27] AKAI K，TAMURA T. Numerical analysis of multi－dimensional consolidation accompanied with elasto－plastic constitutive equation [C]. Proceedings of the Japan society of civil engineers. Japan Society of Civil Engineers，1978，1978 (269)：95－104.

[28] OKA F，YASHIMA A，SHIBATA T，et al. FEM－FDM coupled liquefaction analysis of a porous soil using an elasto－plastic model [J]. Applied Scientific Research，1994，52 (3)：209－245.

[29] ZIENKIEWICZ O C，SHIOMI T. Dynamic behaviour of saturated porous media；the generalized Biot formulation and its numerical solution [J]. International journal for numerical and analytical methods in geomechanics，1984，8 (1)：71－96.

[30] OKA F，YASHIMA A，TATEISHI A，et al. A cyclic elasto－plastic constitutive model for sand considering a plastic－strain dependence of the shear modulus [J]. Geotechnique，1999，49 (5)：661－680.

[31] OKA F，YASHIMA A，KATO M，et al. A constitutive model for sand based on the non－linear kinematic hardening rule and its application [C]. Proc. 10th World Conf. Earthquake Engineering，Madrid. 1992，5：2529－2534.

[32] 张西文. 饱和砂土地震液化自适应步长数值方法研究 [D]. 大连：大连理工大学，2015.

[33] MATSUO O，SHIMAZU T，UZUOKA R，et al. Numerical analysis of seismic behavior of embankments founded on liquefaction soils [J]. Soils and Foundations，2000，40 (2)：21－39.

[34] GOODMAN R E，TAYLOR R L，BREKKE T L. A model for the mechanics of jointed rock [J].

Journal of the soil mechanics and foundations division，1968，94（3）：637－660.

［35］ YUKA K，RYOTA A，AKIRA T，et al. uplift behavior of underground structures during seismic liquefaction［C］. Proceedings of Japan National Conference on Geotechnical Engineering JGS39（0），2004，1857－1858.

［36］ HU J L，LIU H B. The uplift behavior of a subway station during different degree of soil liquefaction［J］. Procedia Engineering，2017，189：18－24.

［37］ 刘华北，宋二祥. 截断墙法降低地下结构地震液化上浮［J］. 岩土力学，2006，27（7）：1049－1055.

第 7 章

结 论 与 展 望

本书介绍多种监督机器学习方法，如贝叶斯逻辑回归方法、神经网络方法、随机森林方法和贝叶斯网络方法，在地震液化风险分析中的应用研究。本书的研究结论和后期研究展望如下。

7.1 结论

（1）在地震液化逻辑回归判别模型中，引入贝叶斯自适应 LASSO - LR 方法，可以有效地解决考虑影响因素过多或因素间存在共线性进而严重影响模型预测精度的难题。在选取的 13 个液化影响因素中，自适应 LASSO 筛选出的重要影响因素为修正尖端阻值、峰值加速度、土壤分类指数、水位、细粒含量、侧壁摩阻值。构建的贝叶斯自适应 LASSO - LR 模型预测性能优于其他逻辑回归模型，并以唐山地震 CPTu 为例，验证了所提出的模型正确性。在算法参数和先验分布对贝叶斯逻辑回归液化预测模型影响分析中发现，NUTs 算法更适用于贝叶斯逻辑回归液化预测模型，且采用先验分布设定 $N\sim(0, 100)$ 可使模型获得较好的预测性能。

此外，基于人工神经网络的蒙特卡罗模拟方法，构建了液化触发的预测模型。通过参数敏感性分析发现，在所有参数中，修正的锥尖阻值是必不可少的因素，对液化触发的影响最大。在本研究考虑的地震参数中，标准化累积绝对速度对液化触发的影响最为显著。相比之下，弯矩幅度、峰值水平地面加速度和最近破裂距离的影响较小。修正的锥尖阻值和标准化累积绝对速度的不确定性对液化触发有相当大的影响。因素敏感性分析结果与 LR 模型的结果基本一致。

（2）针对地震液化侧移预测问题，构建了地震液化侧移风险评估神经网络模型。通过敏感性分析发现，在所有岩土力学性质中，F_{15} 对 D_H 的影响最为显著。而在其他地震参数中，CAV_5 对 D_H 的影响较大。同时也表明了参数的不确定性，特别是在某些临界值时，会产生重大影响。

（3）针对地震液化沉降预测问题，对比分析了 RT、RF 和 REP 树模型在地震液化诱发建筑沉降方面的预测能力。与 RF 和 REP 树模型相比，RT 模型在训练和测试阶段的结果最好，表明 RT 模型在实际应用中是高效和可靠的。敏感性分析显示，累积绝对速度的影响最大，而非液化覆盖层厚度的影响最小。

（4）基于贝叶斯网络方法，构建了地下结构地震液化上浮的评估模型。所建立的贝叶斯网络模型能很好地处理地震液化导致地下结构上浮的影响因素间的非线性关系和不确定性问题，其不仅可以预测液化的发生概率，还可以进一步评估地下结构上浮灾害大小，而且该模型能进行逆向因果推理，评估场地和土体条件已知的情况下什么样的地震条件最可能导致结构上浮灾害的结果。此外，通过机器学习模型的敏感分析发现结构下方可液化土层厚度、场地液化程度、峰值加速度、地震持续时间为较敏感因素。

（5）在地震液化风险分析中，既存在分类问题，又存在回归问题。与传统简化分析方法相比，基于机器学习方法构建的预测模型性能要好，但可解释性较差。在本书介绍的机器学习方法中，除逻辑回归方法只能处理分类问题外，其他方法都适用这两类问题的研究。逻辑回归方法在液化分类问题中可以给出显示表达式，具备一定可解释性，便于工程师使用。而其他方法无法给出显示表达式，可解释性也不强，如神经网络方法和随机森林方法都属于“黑箱”模型。虽然贝叶斯网络方法具有严格数学原理，解释性较强，但无法给出显示表达式。因此，针对所要研究的问题，有必要结合各机器学习方法的优劣，从模型精度、可解释性和工程实用性等角度，来选择合适的机器学习方法进行研究。

7.2 展望

本书基于多种监督学习方法，构建了多个地震液化触发、液化侧移和沉降、地下结构液化上浮的风险预测模型。虽然本书构建的模型都取得了不错的效果，但在模型的算法改进、可解释性、泛化性能等方面还有待完善和拓展的空间。对未来的研究工作展望如下：

（1）本书的重点是将诸多机器学习方法应用于地震液化风险分析中，并未在算法上进行改进。因此，未来可以在模型学习算法改进方面做进一步研究，同时关注模型的可解释性问题。

（2）本书所提出的模型是开放性的，将来可以积累更多的数据，重新更新构建的液化风险分析模型，进一步提升模型的预测性能。

（3）本书构建的所有机器学习模型都未考虑液化物理机制，可解释性不强。因此，将物理机制和机器学习方法（如深度学习方法）融合将是未来可进一步研究的一个重要课题。